농산물 품질관리사

2차 기출문제집

고송남 지음

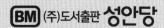
BM (주)도서출판 성안당

저자 약력

고송남

성균관대학교 경제학과 졸업

(前) EBS 명품강좌 교수

(前) 에듀윌 강사

(前) 거창군 농업기술센터 강의

■ 도서 A/S 안내

농산물의 생산자 및 소비자를 보호하고 농산물의 유통질서를 확립하고자 도입된 농산물품질관리사 자격시험이 벌써 20여 년의 역사에 이르게 되었습니다.

그동안 배출된 농산물품질관리사는 명실상부한 국가공인 전문가로서 농산물의 등급판정, 농산물의 출하시기 조절, 품질관리기술 등에 대한 자문 등을 통해 우리나라의 농산물의 품질향상 및 유통효율화에 크게 기여해 오고 있습니다.

전문가로서의 자격을 취득하고자 준비하시는 분들에게는 어떻게 공부하는 것이 가장 효율적일까, 다시 말하면 투입하는 시간과 비용을 최소화하면서 확실하게 합격하는 방법은 어떤 것일까에 관심이 가장 클 것으로 생각됩니다. 저희 편저자는 다년간의 강의와 수험자 상담을 통해 수험자의 상기와 같은 물음에 답을 제시하고자 합니다.

농산물품질관리사 자격시험은 절대평가로서 2차 시험은 60점 이상이면 합격입니다. 꼭 100점에 가까운 높은 점수를 받아야 하는 것은 아닙니다. 따라서 효율성을 고려한다면 모든 내용을 공부하겠다는 욕심보다는 출제 가능성이 높은 내용을 집중적으로 반복 학습한다는 전략이 바람직합니다.

이 책은 수년간의 기출문제를 다루고 있습니다. 각 문제마다 "정답"뿐만 아니라 관련된 내용을 별도로 "해설"이라는 이름으로 추가 설명하고 있습니다. 자주 출제되는 내용은 그 내용에 대한 해설이 반복되도록 하였습니다. 출제된 문제가 응용 내지 변형되어 다시 출제된다고 하더라도 충분히 대응할 수 있습니다.

또한 관계 법령이나 농산물표준규격은 개정된 최신 내용을 기준으로 하였기 때문에 개정 전 내용으로 출제된 문제에 대해서는 개정된 내용에 의해 풀이하였습니다.

이 책을 통해 공부하는 것이 출제 가능성이 높은 내용을 집중적으로 반복 학습한다는 전략에 잘 부합된다고 생각합니다. 따라서 이 책 한 권을 반복 학습하는 것이 가장 효율적으로 시험에 합격하는 지름길이라고 감히 말씀드립니다.

아무쪼록 합격의 영광을 획득하시길 바랍니다.

편저자 일동

┃ 자 격 명: 농산물품질관리사
┃ 영 문 명: Certified Agricultural Products Quality Manager
┃ 소관부처: 농림축산식품부(식생활소비정책과) (www.mafra.go.kr)
┃ 시행기관: 한국산업인력공단(www.q-net.or.kr)

1 기본정보

[개요]
농산물 원산지 표시 위반 행위가 매년 급증함에 따라 소비자와 생산자의 피해를 최소화하며 원산지 표시의 신뢰성을 확보함으로써 농산물의 생산자 및 소비자를 보호하고 농산물의 유통질서를 확립하기 위하여 도입되었다.

[변천과정]
• 2004년~2007년(제1회~제4회) 국립농산물품질관리원 시행
• 2008년 제5회 자격시험부터 한국산업인력공단에서 시행

[수행직무]
• 농산물의 등급 판정
• 농산물의 출하시기 조절, 품질관리기술 등에 대한 자문
• 그 밖에 농산물의 품질향상 및 유통효율화에 관하여 필요한 업무로서 농림수산식품부령이 정하는 업무

[통계자료(최근 5년)]

(단위: 명, %)

구분		2018	2019	2020	2021	2022
1차 시험	대상	2,801	3,377	2,110	2,833	2,360
	응시	1,523	1,813	1,274	2,100	1,530
	응시율	54.4	53.7	60.4	74.1	64.83
	합격	460	936	537	648	415
	합격률	30.2	51.6	42.2	30.9	27.12
2차 시험	대상	694	966	821	760	653
	응시	562	797	666	646	522
	응시율	81.0	82.5	82.1	85.0	79.93
	합격	155	171	234	166	153
	합격률	27.6	21.5	35.1	25.7	29.31

2 시험정보

[응시자격]

제한 없음

※ 단, 농산물품질관리사의 자격이 취소된 날부터 2년이 경과하지 아니한 자는 시험에 응시할 수 없음

[시험과목 및 시험시간]

구분	교시	시험과목	시험시간	시험방법
제1차 시험	1교시	① 관계 법령(법, 시행령, 시행규칙) - 농수산물 품질관리법 - 농수산물 유통 및 가격안정에 관한 법률 - 농수산물의 원산지 표시에 관한 법률 ② 원예작물학 - 원예작물학 개요 - 과수·채소·화훼작물 재배법 등 ③ 수확 후 품질관리론 - 수확 후의 품질관리 개요 - 수확 후의 품질관리 기술 등 ④ 농산물유통론 - 농산물 유통구조 - 농산물 시장구조 등	09:30~11:30 (120분)	객관식 4지 택일형 (과목당 25문항)
제2차 시험	1교시	① 농산물품질관리 실무 - 농수산물 품질관리법 - 농수산물의 원산지 표시에 관한 법률 - 수확 후 품질관리기술 ② 농산물 등급판정 실무 - 농산물 표준규격 - 등급, 고르기, 결점과 등	09:30~10:50 (80분)	주관식 (단답형 및 서술형)

• 시험과 관련하여 법률·규정 등을 적용하여 정답을 구하여야 하는 문제는 <u>시험시행일을 기준으로</u> 시행 중인 법률·기준 등을 적용하여 그 정답을 구하여야 함
• 관련 법령의 경우 수산물 분야는 제외

[합격자 결정]

구분	합격결정기준
제1차 시험	각 과목 100점을 만점으로 하여 각 과목 40점 이상의 점수를 획득한 사람 중 평균점수가 60점 이상인 사람을 합격자로 결정
제2차 시험	제1차 시험에 합격한 사람(제1차 시험이 면제된 사람 포함)을 대상으로 100점 만점에 60점 이상인 사람을 합격자로 결정

차 례

농산물품질관리사 2차 시험 과년도 기출문제

농산물품질관리사
2차 시험
과년도 기출문제

2022년 제19회

농산물품질관리사 2차 시험 기출문제

※ 단답형 문제에 대해 답하시오. (1~10번 문제)

01 농수산물 품질관리법령상 농산물 지리적표시권은 타인에게 이전하거나 승계할 수 없다. 다만, 농림축산식품부장관의 사전 승인을 받은 경우 이전이나 승계가 가능하다. 사전 승인을 받으면 이전 또는 승계가 가능한 경우를 쓰시오. [2점]

정답 1. 법인 자격으로 등록한 지리적표시권자가 법인명을 개정하거나 합병하는 경우
　　　 2. 개인 자격으로 등록한 지리적표시권자가 사망한 경우

해설 농수산물 품질관리법 [시행 2022. 6. 22.]
제35조(지리적표시권의 이전 및 승계) 지리적표시권은 타인에게 이전하거나 승계할 수 없다. 다만, 다음 각 호의 어느 하나에 해당하면 농림축산식품부장관 또는 해양수산부장관의 사전 승인을 받아 이전하거나 승계할 수 있다. 〈개정 2013. 3. 23.〉
1. 법인 자격으로 등록한 지리적표시권자가 법인명을 개정하거나 합병하는 경우
2. 개인 자격으로 등록한 지리적표시권자가 사망한 경우

02 농수산물의 원산지 표시 등에 관한 법률상 수입농산물등의 유통이력관리에 관한 내용이다. (　)에 알맞은 내용을 쓰시오. [3점]

> • 자료보관: 유통이력 신고 의무가 있는 자는 유통이력을 장부에 기록하고, 그 자료를 거래일부터 (①)년간 보관하여야 한다.
> • 신고: 유통이력 신고 의무가 있는 유통이력관리 수입농산물의 양도일부터 (②)일 이내에 수입농산물등유통이력관리시스템에 접속하여 신고하여야 한다.
> • 과태료: 유통이력 신고 의무가 있는 자가 유통이력을 신고하지 않은 경우 과태료 부과 기준은 1차 위반은 (③)만 원이다.

정답 ① 1　③ 5　③ 500

해설 **농수산물의 원산지 표시 등에 관한 법률 [시행 2022. 1. 1.]**

제10조의2(수입농산물등의 유통이력관리)

① 농산물 및 농산물 가공품(이하 "농산물등"이라 한다)을 수입하는 자와 수입농산물등을 거래하는 자(소비자에 대한 판매를 주된 영업으로 하는 사업자는 제외한다)는 공정거래 또는 국민보건을 해칠 우려가 있는 것으로서 농림축산식품부장관이 지정하여 고시하는 농산물등(이하 "유통이력관리수입농산물등"이라 한다)에 대한 유통이력을 농림축산식품부장관에게 신고하여야 한다.

② 제1항에 따른 유통이력 신고의무가 있는 자(이하 "유통이력신고의무자"라 한다)는 유통이력을 장부에 기록(전자적 기록방식을 포함한다)하고, 그 자료를 거래일부터 1년간 보관하여야 한다.

③ 유통이력신고의무자가 유통이력관리수입농산물등을 양도하는 경우에는 이를 양수하는 자에게 제1항에 따른 유통이력 신고의무가 있음을 농림축산식품부령으로 정하는 바에 따라 알려주어야 한다.

④ 농림축산식품부장관은 유통이력관리수입농산물등을 지정하거나 유통이력의 범위 등을 정하는 경우에는 수입 농산물등을 국내 농산물등에 비하여 부당하게 차별하여서는 아니 되며, 이를 이행하는 유통이력신고의무자의 부담이 최소화되도록 하여야 한다.

⑤ 제1항부터 제4항까지에서 규정한 사항 외에 유통이력 신고의 절차 등에 관하여 필요한 사항은 농림축산식품부령으로 정한다.

[본조신설 2021. 11. 30.]

제10조의3(유통이력관리수입농산물등의 사후관리)

① 농림축산식품부장관은 제10조의2에 따른 유통이력 신고의무의 이행 여부를 확인하기 위하여 필요한 경우에는 관계 공무원으로 하여금 유통이력신고의무자의 사업장 등에 출입하여 유통이력관리수입농산물등을 수거 또는 조사하거나 영업과 관련된 장부나 서류를 열람하게 할 수 있다.

② 유통이력신고의무자는 정당한 사유 없이 제1항에 따른 수거·조사 또는 열람을 거부·방해 또는 기피하여서는 아니 된다.

③ 제1항에 따라 수거·조사 또는 열람을 하는 관계 공무원은 그 권한을 표시하는 증표를 지니고 이를 관계인에게 내보여야 하며, 출입할 때에는 성명, 출입시간, 출입목적 등이 표시된 문서를 관계인에게 내주어야 한다.

④ 제1항부터 제3항까지에서 규정한 사항 외에 유통이력관리수입농산물등의 수거·조사 또는 열람 등에 필요한 사항은 대통령령으로 정한다.

[본조신설 2021. 11. 30.]

농수산물의 원산지 표시 등에 관한 법률 시행규칙 [시행 2022. 1. 1.]

제6조의2(수입 농산물 등의 유통이력 신고 절차 등)

① 법 제10조의2제1항에 따른 유통이력 신고는 법 제10조의2제1항에 따른 유통이력관리수입농산물등의 양도일부터 5일 이내에 영 제6조의2제2항에 따른 수입농산물등유통이력관리시스템에 접속하여 제1조의2 각 호의 사항을 입력하는 방식으로 해야 한다.

② 법 제10조의2제3항에 따라 유통이력 신고의무가 있음을 알리는 것은 거래명세서 등 서면(전자문서를 포함한다)에 명시하는 방법으로 해야 한다.

③ 제1항 및 제2항에서 규정한 사항 외에 유통이력의 신고 방법 등에 관하여 필요한 세부 사항은 농림축산식품부장관이 정하여 고시한다.

[본조신설 2021. 12. 31.]

농수산물의 원산지 표시 등에 관한 법률 [시행 2022. 1. 1.]

제18조(과태료)

① 다음 각 호의 어느 하나에 해당하는 자에게는 1천만 원 이하의 과태료를 부과한다. 〈개정 2011. 7. 25., 2016. 12. 2.〉

　1. 제5조제1항·제3항을 위반하여 원산지 표시를 하지 아니한 자

　2. 제5조제4항에 따른 원산지의 표시방법을 위반한 자

　3. 제6조제4항을 위반하여 임대점포의 임차인 등 운영자가 같은 조 제1항 각 호 또는 제2항 각 호의 어느 하나에 해당하는 행위를 하는 것을 알았거나 알 수 있었음에도 방치한 자

　3의2. 제6조제5항을 위반하여 해당 방송채널 등에 물건 판매중개를 의뢰한 자가 같은 조 제1항 각 호 또는 제2항 각 호의 어느 하나에 해당하는 행위를 하는 것을 알았거나 알 수 있었음에도 방치한 자

　4. 제7조제3항을 위반하여 수거·조사·열람을 거부·방해하거나 기피한 자

　5. 제8조를 위반하여 영수증이나 거래명세서 등을 비치·보관하지 아니한 자

② 다음 각 호의 어느 하나에 해당하는 자에게는 500만 원 이하의 과태료를 부과한다. 〈개정 2021. 11. 30.〉

　1. 제9조의2제1항에 따른 교육 이수명령을 이행하지 아니한 자

　2. 제10조의2제1항을 위반하여 유통이력을 신고하지 아니하거나 거짓으로 신고한 자

　3. 제10조의2제2항을 위반하여 유통이력을 장부에 기록하지 아니하거나 보관하지 아니한 자

　4. 제10조의2제3항을 위반하여 같은 조 제1항에 따른 유통이력 신고의무가 있음을 알리지 아니한 자

　5. 제10조의3제2항을 위반하여 수거·조사 또는 열람을 거부·방해 또는 기피한 자

③ 제1항 및 제2항에 따른 과태료는 대통령령으로 정하는 바에 따라 다음 각 호의 자가 각각 부과·징수한다. 〈개정 2021. 11. 30.〉

　1. 제1항 및 제2항제1호의 과태료: 농림축산식품부장관, 해양수산부장관, 관세청장, 시·도지사 또는 시장·군수·구청장

　2. 제2항제2호부터 제5호까지의 과태료: 농림축산식품부장관

03 농수산물 품질관리법령상 농산물우수관리인증의 유효기간과 갱신에 관한 설명이다. ( )에 알맞은 내용을 쓰시오. [3점]

> 농산물우수관리인증의 유효기간은 우수관리인증을 받은 날부터 (①)년으로 한다. 다만, 품목의 특성에 따라 달리 적용할 필요가 있는 경우에는 (②)년의 범위에서 농림축산식품부령으로 유효기간을 달리 정할 수 있으며, 우수관리인증을 받은 자가 우수관리인증을 갱신하려는 경우에는 그 유효기간이 끝나기 (③)개월 전까지 우수관리인증기관에 농산물우수관리인증 신청서를 제출하여야 한다.

정답 ① 2 ② 10 ③ 1

해설 **농수산물 품질관리법 [시행 2022. 6. 22.]**
제6조(농산물우수관리의 인증)
① 농림축산식품부장관은 농산물우수관리의 기준(이하 "우수관리기준"이라 한다)을 정하여 고시하여야 한다. 〈개정 2013. 3. 23.〉
② 우수관리기준에 따라 농산물(축산물은 제외한다. 이하 이 절에서 같다)을 생산·관리하는 자 또는 우수관리기준에 따라 생산·관리된 농산물을 포장하여 유통하는 자는 제9조에 따라 지정된 농산물우수관리인증기관(이하 "우수관리인증기관"이라 한다)으로부터 농산물우수관리의 인증(이하 "우수관리인증"이라 한다)을 받을 수 있다.
③ 우수관리인증을 받으려는 자는 우수관리인증기관에 우수관리인증의 신청을 하여야 한다. 다만, 다음 각 호의 어느 하나에 해당하는 자는 우수관리인증을 신청할 수 없다.
  1. 제8조제1항에 따라 우수관리인증이 취소된 후 1년이 지나지 아니한 자
  2. 제119조 또는 제120조를 위반하여 벌금 이상의 형이 확정된 후 1년이 지나지 아니한 자
④ 우수관리인증기관은 제3항에 따라 우수관리인증 신청을 받은 경우 제7항에 따른 우수관리인증의 기준에 맞는지를 심사하여 그 결과를 알려야 한다.
⑤ 우수관리인증기관은 제4항에 따라 우수관리인증을 한 경우 우수관리인증을 받은 자가 우수관리기준을 지키는지 조사·점검하여야 하며, 필요한 경우에는 자료제출 요청 등을 할 수 있다.
⑥ 우수관리인증을 받은 자는 우수관리기준에 따라 생산·관리한 농산물(이하 "우수관리인증농산물"이라 한다)의 포장·용기·송장(送狀)·거래명세표·간판·차량 등에 우수관리인증의 표시를 할 수 있다.
⑦ 우수관리인증의 기준·대상품목·절차 및 표시방법 등 우수관리인증에 필요한 세부사항은 농림축산식품부령으로 정한다. 〈개정 2013. 3. 23.〉

농수산물 품질관리법 [시행 2022. 6. 22.]
제7조(우수관리인증의 유효기간 등)
① 우수관리인증의 유효기간은 우수관리인증을 받은 날부터 2년으로 한다. 다만, 품목의 특성에 따라 달리 적용할 필요가 있는 경우에는 10년의 범위에서 농림축산식품부령으로 유효기간을 달리 정할 수 있다. 〈개정 2013. 3. 23.〉
② 우수관리인증을 받은 자가 유효기간이 끝난 후에도 계속하여 우수관리인증을 유지하려는 경우에는 그 유효기간이 끝나기 전에 해당 우수관리인증기관의 심사를 받아 우수관리인증을 갱신하여야 한다.
③ 우수관리인증을 받은 자는 제1항의 유효기간 내에 해당 품목의 출하가 종료되지 아니할 경우에는 해당 우수관리인증기관의 심사를 받아 우수관리인증의 유효기간을 연장할 수 있다.
④ 제1항에 따른 우수관리인증의 유효기간이 끝나기 전에 생산계획 등 농림축산식품부령으로 정하는 중요 사항을 변경하려는 자는 미리 우수관리인증의 변경을 신청하여 해당 우수관리인증기관의 승인을 받아야 한다. 〈개정 2013. 3. 23.〉
⑤ 우수관리인증의 갱신절차 및 유효기간 연장의 절차 등에 필요한 세부적인 사항은 농림축산식품부령으로 정한다. 〈개정 2013. 3. 23.〉

농수산물 품질관리법 시행규칙 [시행 2023. 2. 28.]
제14조(우수관리인증의 유효기간) 법 제7조제1항 단서에 따라 유효기간을 달리 적용할 유효기간은 다음 각 호의 범위에서 국립농산물품질관리원장이 정하여 고시한다.
1. 인삼류: 5년 이내
2. 약용작물류: 6년 이내

농수산물 품질관리법 시행규칙 [시행 2023. 2. 28.]

제17조(우수관리인증의 변경)

① 법 제7조제4항에 따라 우수관리인증을 변경하려는 자는 별지 제5호서식의 농산물우수관리인증 변경신청서에 제10조제1항 각 호의 서류 중 변경사항이 있는 서류를 첨부하여 우수관리인증기관에 제출하여야 한다. 〈개정 2018. 5. 3.〉

② 법 제7조제4항에서 "농림축산식품부령으로 정하는 중요 사항"이란 다음 각 호의 사항을 말한다. 〈개정 2013. 3. 24., 2014. 9. 30., 2022. 1. 6.〉

  1. 우수관리인증농산물의 위해요소관리계획 중 생산계획(품목, 재배면적, 생산계획량, 수확 후 관리시설)

  2. 우수관리인증을 받은 생산자집단의 대표자(생산자집단의 경우만 해당한다)

  3. 우수관리인증을 받은 자의 주소(생산자집단의 경우 대표자의 주소를 말한다)

  4. 우수관리인증농산물의 재배필지(생산자집단의 경우 각 구성원이 소유한 재배필지를 포함한다)

③ 우수관리인증의 변경신청에 대한 심사 절차 및 방법에 대해서는 제11조제1항부터 제5항까지 및 제7항을 준용한다.

농수산물 품질관리법 시행규칙 [시행 2023. 2. 28.]

제15조(우수관리인증의 갱신)

① <u>우수관리인증을 받은 자가 법 제7조제2항에 따라 우수관리인증을 갱신하려는 경우에는 별지 제1호서식의 농산물우수관리인증 (신규·갱신)신청서에 제10조제1항 각 호의 서류 중 변경사항이 있는 서류를 첨부하여 그 유효기간이 끝나기 1개월 전까지 우수관리인증기관에 제출하여야 한다.</u> 〈개정 2018. 5. 3.〉

② 우수관리인증의 갱신에 필요한 세부적인 절차 및 방법에 대해서는 제11조제1항부터 제5항까지 및 제7항을 준용한다.

③ 우수관리인증기관은 유효기간이 끝나기 2개월 전까지 신청인에게 갱신절차와 갱신신청 기간을 미리 알려야 한다. 이 경우 통지는 휴대전화 문자메시지, 전자우편, 팩스, 전화 또는 문서 등으로 할 수 있다. 〈개정 2018. 5. 3.〉

농수산물 품질관리법 시행규칙 [시행 2023. 2. 28.]

제16조(우수관리인증의 유효기간 연장)

① 우수관리인증을 받은 자가 법 제7조제3항에 따라 우수관리인증의 유효기간을 연장하려는 경우에는 별지 제4호서식의 농산물우수관리인증 유효기간 연장신청서를 그 유효기간이 끝나기 1개월 전까지 우수관리인증기관에 제출하여야 한다. 〈개정 2018. 5. 3.〉

② 우수관리인증기관은 제1항에 따른 농산물우수관리인증 유효기간 연장신청서를 검토하여 유효기간 연장이 필요하다고 판단되는 경우에는 해당 우수관리인증농산물의 출하에 필요한 기간을 정하여 유효기간을 연장하고 별지 제2호서식의 농산물우수관리 인증서를 재발급하여야 한다. 이 경우 유효기간 연장기간은 법 제7조제1항에 따른 우수관리인증의 유효기간을 초과할 수 없다. 〈개정 2018. 5. 3.〉

③ 우수관리인증의 유효기간 연장에 대한 심사 절차 및 방법 등에 대해서는 제11조제1항부터 제5항까지 및 제7항을 준용한다.

04 다음은 농수산물 품질관리법령상 지리적표시의 심판에 관한 내용이다. ①~④ 중 틀린 내용의 번호와 밑줄 친 부분을 옳게 수정하시오. (수정 예: ① ○○○ → □□□) [2점]

> ① 지리적표시 심판위원회는 위원장 1명을 포함한 <u>10명</u> 이내의 심판위원으로 구성한다.
> ② 취소심판은 취소 사유에 해당하는 사실이 없어진 날부터 <u>5년</u> 이내에 청구해야 한다.
> ③ 등록거절 또는 등록취소에 대한 심판은 통보받은 날부터 <u>3개월</u> 이내에 심판을 청구할 수 있다.
> ④ 심판은 <u>3명</u>의 심판위원으로 구성되는 합의체가 한다.

정답 ② 5년 → 3년   ③ 3개월 → 30일

해설 농수산물 품질관리법 [시행 2022. 6. 22.]
제42조(지리적표시심판위원회)
① 농림축산식품부장관 또는 해양수산부장관은 다음 각 호의 사항을 심판하기 위하여 농림축산식품부장관 또는 해양수산부장관 소속으로 지리적표시심판위원회(이하 "심판위원회"라 한다)를 둔다. 〈개정 2013. 3. 23.〉
  1. 지리적표시에 관한 심판 및 재심
  2. 제32조제9항에 따른 지리적표시 등록거절 또는 제40조에 따른 등록 취소에 대한 심판 및 재심
  3. 그 밖에 지리적표시에 관한 사항 중 대통령령으로 정하는 사항
② 심판위원회는 위원장 1명을 포함한 10명 이내의 심판위원(이하 "심판위원"이라 한다)으로 구성한다.
③ 심판위원회의 위원장은 심판위원 중에서 농림축산식품부장관 또는 해양수산부장관이 정한다. 〈개정 2013. 3. 23.〉
④ 심판위원은 관계 공무원과 지식재산권 분야나 지리적표시 분야의 학식과 경험이 풍부한 사람 중에서 농림축산식품부장관 또는 해양수산부장관이 위촉한다. 〈개정 2013. 3. 23.〉
⑤ 심판위원의 임기는 3년으로 하며, 한 차례만 연임할 수 있다.
⑥ 심판위원회의 구성·운영에 관한 사항과 그 밖에 필요한 사항은 대통령령으로 정한다.

농수산물 품질관리법 [시행 2022. 6. 22.]
제43조(지리적표시의 무효심판)
① 지리적표시에 관한 이해관계인 또는 제3조제6항에 따른 지리적표시 등록심의 분과위원회는 지리적표시가 다음 각 호의 어느 하나에 해당하면 무효심판을 청구할 수 있다. 〈개정 2020. 2. 18.〉
  1. 제32조제9항에 따른 등록거절 사유에 해당하는 경우에도 불구하고 등록된 경우
  2. 제32조에 따라 지리적표시 등록이 된 후에 그 지리적표시가 원산지 국가에서 보호가 중단되거나 사용되지 아니하게 된 경우
② 제1항에 따른 심판은 청구의 이익이 있으면 언제든지 청구할 수 있다.
③ 제1항제1호에 따라 지리적표시를 무효로 한다는 심결이 확정되면 그 지리적표시권은 처음부터 없었던 것으로 보고, 제1항제2호에 따라 지리적표시를 무효로 한다는 심결이 확정되면 그 지리적표시권은 그 지리적표시가 제1항제2호에 해당하게 된 때부터 없었던 것으로 본다.
④ 심판위원회의 위원장은 제1항의 심판이 청구되면 그 취지를 해당 지리적표시권자에게 알려야 한다.

농수산물 품질관리법 [시행 2022. 6. 22.]

제44조(지리적표시의 취소심판)

① 지리적표시가 다음 각 호의 어느 하나에 해당하면 그 지리적표시의 취소심판을 청구할 수 있다.

　　1. 지리적표시 등록을 한 후 지리적표시의 등록을 한 자가 그 지리적표시를 사용할 수 있는 농수산물 또는 농수산가공품을 생산 또는 제조·가공하는 것을 업으로 하는 자에 대하여 단체의 가입을 금지하거나 어려운 가입조건을 규정하는 등 단체의 가입을 실질적으로 허용하지 아니한 경우 또는 그 지리적표시를 사용할 수 없는 자에 대하여 등록 단체의 가입을 허용한 경우

　　2. 지리적표시 등록 단체 또는 그 소속 단체원이 지리적표시를 잘못 사용함으로써 수요자로 하여금 상품의 품질에 대하여 오인하게 하거나 지리적 출처에 대하여 혼동하게 한 경우

② 제1항에 따른 취소심판은 취소 사유에 해당하는 사실이 없어진 날부터 3년이 지난 후에는 청구할 수 없다.

③ 제1항에 따라 취소심판을 청구한 경우에는 청구 후 그 심판청구 사유에 해당하는 사실이 없어진 경우에도 취소 사유에 영향을 미치지 아니한다.

④ 제1항에 따른 취소심판은 누구든지 청구할 수 있다.

⑤ 지리적표시 등록을 취소한다는 심결이 확정된 때에는 그 지리적표시권은 그때부터 소멸된다.

⑥ 제1항의 심판이 청구에 관하여는 제43조제4항을 준용한다.

농수산물 품질관리법 [시행 2022. 6. 22.]

제45조(등록거절 등에 대한 심판)

제32조제9항에 따라 지리적표시 등록의 거절을 통보받은 자 또는 제40조에 따라 등록이 취소된 자는 이의가 있으면 등록거절 또는 등록취소를 통보받은 날부터 30일 이내에 심판을 청구할 수 있다.

농수산물 품질관리법 [시행 2022. 6. 22.]

제49조(심판의 합의체)

① 심판은 3명의 심판위원으로 구성되는 합의체가 한다.

② 제1항의 합의체의 합의는 과반수의 찬성으로 결정한다.

③ 심판의 합의는 공개하지 아니한다.

05 농산물을 필름 포장했을 때 수증기 포화에 의해 포장 내부에 물방울이 형성되어 농산물의 품질 확인이 어려운 문제를 방지하기 위해 표면에 계면활성제를 처리하여 만든 기능성 필름은 무엇인지 쓰시오. [2점]

(정답) 방담필름(Anti-fogging film)

(해설) 필름표면에 계면활성제를 처리하여 결로현상(結露現象)을 방지하는 기능이 첨가된 필름을 방담필름 (Anti-fogging film)이라고 한다.

06

다음은 농산물의 수확 후 품질관리 기술에 관한 설명이다. 설명이 옳으면 ○, 옳지 않으면 ×를 순서대로 쓰시오. [4점]

> ① 딸기의 수확 후 품온 급등을 막기 위해 차압예냉을 실시한다. ·····················( )
> ② 감자는 저온저장 시 전분이 당으로 전환되는 대사가 억제된다. ················( )
> ③ 옥수수는 수확 후 예조처리를 통해 당 함량을 증가시킨다. ·······················( )
> ④ 생강은 상처부위의 코르크층 형성 촉진을 위해 저온건조를 실시한다. ·········( )

정답 ① ○ ② ○ ③ × ④ ×

해설 ③ 옥수수는 수확 후 저장온도에 따라 당 함량의 손실에 큰 차이가 있다. 20℃ 내지 30℃에서는 약 60% 의 당 함량 손실이 발생하며, 냉동저장(-18℃)에서는 당 함량 손실이 거의 없다.
④ 생강은 온도 25℃, 습도 95%에서 3일간 큐어링한다.

07

농산물의 증산작용에 관한 내용이다. 틀린 설명을 모두 골라 번호를 쓰고 옳게 수정하여 쓰시오. [6점]

> 대부분의 농산물은 수분함량이 90% 이상이며 생체중량의 5~10%까지 줄어들면 상품성 이 상실되므로 증산을 억제하는 것이 매우 중요하다. 증산작용은 ① 상대습도가 높아질수 록 증가하고, ② 작물의 부피 대비 표면적의 비율이 높을수록 감소하며, ③ 표피가 두껍고 치밀할수록 감소하고, ④ 과실이 성숙될수록 증가하는 표면의 왁스물질에 의해 감소한다.

정답 ① 상대습도가 높아질수록 감소하고 ② 작물의 부피 대비 표면적의 비율이 높을수록 증가하며

해설 **증산작용에 영향을 미치는 요인**
㉠ 저장 온도가 높을수록 증산은 증가한다. 저장고 내의 온도와 과실 자체의 품온의 차이가 클수록 증산 은 증가한다.
㉡ 저장 내 상대습도가 낮을수록 증산은 증가한다.
㉢ 저장고 내의 풍속이 빠를수록 증산은 증가한다.
㉣ 원예산물의 표면적이 클수록 증산은 증가한다.
㉤ 큐티클층이 두꺼우면 증산은 감소한다.
㉥ 광은 온도를 상승시켜 증산을 증가시킨다.

08 '후지' 사과에서 많이 발생되는 밀증상(water core) 부위에 ① 비정상적으로 축적되는 성분명을 쓰고, 이 증상이 있는 과실을 장기저장하거나 저장고 내부의 이산화탄소 농도가 높을 때 발생이 촉진되는 ② 생리장해를 쓰시오. [4점]

> **정답** ① 솔비톨(sorbitol)
> ② 이산화탄소 농도가 높을 때에는 표피에 갈색의 함몰 증상이 나타나는 이산화탄소 장해가 유발될 수 있다.

> **해설** 밀증상(밀병)은 과육 또는 과심의 일부가 황색의 수침상(水浸狀)으로 되는 증상을 말한다. 이는 솔비톨(sorbitol, 당을 함유한 알코올 성분의 백색의 분말)이 세포 안쪽이나 세포 사이에 비정상적으로 축적되어 나타난다. 이 증상이 있는 과실을 장기저장하거나 저장고 내부의 이산화탄소 농도가 높을 때에는 표피에 갈색의 함몰 증상이 나타나는 이산화탄소 장해가 유발될 수 있다. 따라서 밀증상이 있는 과실을 즉시 CA저장하는 것은 바람직하지 않다.

09 다음은 MA저장 기술에 관한 설명이다. 옳은 설명이 되도록 (   )에 알맞은 내용을 순서대로 쓰시오. [3점]

> 인위적인 기체 조절 장치 없이 수확된 농산물의 (①) 작용을 통한 공기 조성 변화를 이용하는 방식을 MA저장이라 한다. 저장되고 있는 농산물 주변의 (②) 농도는 낮아지고 (③) 농도는 높아져 농산물의 저장성을 높이는 효과를 가져온다.

> **정답** ① 호흡 ② 산소 ③ 이산화탄소

> **해설** **MA저장**
> (1) MA저장(Modified Atmosphere Storage)의 의의
> ① 원예산물을 플라스틱 필름 백(film bag)에 넣어 저장하는 것으로서 플라스틱 필름 백 내의 공기조성이 조절되어 CA저장과 비슷한 효과를 얻을 수 있다. CA저장은 인위적으로 산소의 농도를 낮추고 이산화탄소의 농도를 높여 원예산물의 호흡률을 감소시켜 저장성을 높이는 저장방식이다.
> ② 단감을 폴리에틸렌 필름 백에 넣어 저장하는 것이 그 예이다.
> ③ 원예산물의 종류, 호흡률, 에틸렌의 발생정도, 에틸렌 감응도, 필름의 가스 투과도 등에 따라 필름의 종류와 필름의 두께 등을 고려하여야 한다.
> (2) MA저장의 장단점
> ① MA저장의 장점
> ㉠ 증산작용을 억제하여 과채류의 표면위축현상을 줄인다.
> ㉡ 과육연화를 억제한다.
> ㉢ 유통기간의 연장이 가능하다.
> ② MA저장의 단점
> ㉠ 포장 내 과습(過濕)으로 인해 원예산물이 부패될 수 있다.
> ㉡ 가스조성이 적합하지 않으면 갈변, 이취 등이 나타날 수 있다.

10 다음은 농산물의 품질평가 방법을 서술한 것이다. 각 문장에서 틀린 부분을 쓰고 옳게 고치시오. [4점]

---

① 조직감을 나타내는 경도는 물성분석기를 통해 측정하며 %로 나타낸다.
② 당도는 과즙의 고형물에 의해 통과하는 빛의 속도가 빨라지는 원리를 이용하여 측정한다.
③ 적정산도 산출식에 대입하는 딸기의 주요 유기산 지표는 주석산이다.
④ 색차측정값 중 CIE L* 값은 붉은 정도를 나타낸다.

정답 ① 경도(hardness)는 경도계로 조직을 찔러 측정하며 Newton(N)으로 표시한다.
② 당도는 과즙의 고형물에 의해 통과하는 빛의 속도가 늦어지는 원리를 이용하여 측정한다.
③ 딸기의 주요 유기산 지표는 구연산이다.
④ CIE L* 값은 밝음의 정도를 나타낸다.

해설 ① 촉감에 의해 느껴지는 원예산물의 경도의 정도를 조직감이라고 한다. 경도(hardness)는 과실 경도계로 조직을 찔러 측정하며 Newton(N)으로 표시한다.
② 당도의 측정은 소량의 과즙을 짜내어서 굴절당도계로 측정한다. 굴절당도계는 빛이 통과할 때 과즙 속에 녹아 있는 가용성 고형물에 의해 빛이 굴절된다는 원리와 가용성 고형물에 의해 통과하는 빛의 속도가 늦어진다는 것을 이용한 것이다.
③ 신맛은 원예산물이 가지고 있는 유기산에 의해 결정되는데 성숙될수록 신맛은 감소한다. 과일별로 신맛을 내는 유기산을 보면 사과의 능금산, 포도의 주석산, 밀감류와 딸기의 구연산 등이다.
④ CIE는 L*a*b색체계에서 L*는 명도를 나타내며 0 ∼ 100의 수치로 적용하고 100에 가까울수록 밝음을 의미한다. 그리고 a*는 색상을 나타내며 −40 ∼ +40의 수치로 표시하고 −값이 클수록 녹색계통, +값이 클수록 적색계통, 0은 회색을 의미한다. 또한 b*는 채도를 나타내며 −40 ∼ +40의 수치로 표시하고 −값이 클수록 청색계통, +값이 클수록 황색계통을 의미한다.

11 다음은 농산물 원산지 표시 위반과 관련하여 식품접객업을 운영하는 음식점 업주와 조사 공무원간의 전화통화 내용이다. ( )에 들어갈 내용을 쓰시오. (단, 소고기 식육종류 표시여부와 과태료 감경 조건은 고려하지 않음) [3점]

〈대화내용〉

• 음식점 업주: 음식점 원산지 표시 과태료 부과에 대해 문의하고자 합니다. 국산 닭고기 와 수입산 오리고기를 각각 조리하여 원산지를 표시하지 않고 판매 과정 에 적발되면 과태료 부과 금액은 얼마인가요?
• 조사 공무원: 농수산물 원산지 표시 등에 관한 법률상 1차 위반인 경우 품목별 (①)원 입니다.
• 음식점 업주: 과태료 처분을 받은 날 이후 1년이 지나 같은 식당에서 소고기구이, 돼지 고기찌개, 쌀밥, 배추김치의 고춧가루를 원산지 미표시 위반으로 적발되 면 품목별 과태료는 얼마인가요?
• 조사 공무원: (②)원입니다.

정답 ① 30만 원
② 소고기구이 200만 원, 돼지고기찌개, 쌀밥, 배추김치의 고춧가루는 각각 60만 원

해설 농수산물의 원산지 표시 등에 관한 법률 시행령 [별표 2] 〈개정 2022. 3. 15.〉

과태료의 부과기준(제10조 관련)

1. 일반기준
   가. 위반행위의 횟수에 따른 과태료의 가중된 부과기준은 최근 2년간 같은 유형(제2호 각목을 기준으로 구분한다)의 위반행위로 과태료 부과처분을 받은 경우에 적용한다. 이 경우 기간의 계산은 위반행위에 대하여 과태료 부과처분을 받은 날과 그 처분 후 다시 같은 위반행위를 하여 적발된 날을 기준으로 한다.
   나. 가목에 따라 가중된 부과처분을 하는 경우 가중처분의 적용 차수는 그 위반행위 전 부과처분 차수(가목에 따른 기간 내에 과태료 부과처분이 둘 이상 있었던 경우에는 높은 차수를 말한다)의 다음 차수로 한다.
   다. 부과권자는 다음의 어느 하나에 해당하는 경우에는 제2호의 개별기준에 따른 과태료 금액의 2분의 1 범위에서 그 금액을 줄일 수 있다. 다만, 과태료를 체납하고 있는 위반행위자에 대해서는 그렇지 않다.
      1) 위반행위자가 자연재해·화재 등으로 재산에 현저한 손실이 발생했거나 사업여건의 악화로 중대한 위기에 처하는 등의 사정이 있는 경우
      2) 그 밖에 위반행위의 정도, 위반행위의 동기와 그 결과 등을 고려하여 과태료를 줄일 필요가 있다고 인정되는 경우
   라. 부과권자는 다음의 어느 하나에 해당하는 경우에는 제2호의 개별기준에 따른 과태료 금액의 2분의 1 범위에서 그 금액을 늘릴 수 있다. 다만, 늘리는 경우에도 법 제18조제1항 및 제2항에 따른 과태료 금액의 상한을 넘을 수 없다.

1) 위반의 내용·정도가 중대하여 이해관계인 등에게 미치는 피해가 크다고 인정되는 경우
2) 그 밖에 위반행위의 정도, 위반행위의 동기와 그 결과 등을 고려하여 과태료를 늘릴 필요가 있다고 인정되는 경우

2. 개별기준

위반행위	근거 법조문	과태료			
		1차 위반	2차 위반	3차 위반	4차 이상 위반
가. 법 제5조제1항을 위반하여 원산지 표시를 하지 않은 경우	법 제18조 제1항제1호	5만 원 이상 1,000만 원 이하			
나. 법 제5조제3항을 위반하여 원산지 표시를 하지 않은 경우	법 제18조 제1항제1호				
1) 소고기의 원산지를 표시하지 않은 경우		100만 원	200만 원	300만 원	300만 원
2) 소고기 식육의 종류만 표시하지 않은 경우		30만 원	60만 원	100만 원	100만 원
3) 돼지고기의 원산지를 표시하지 않은 경우		30만 원	60만 원	100만 원	100만 원
4) 닭고기의 원산지를 표시하지 않은 경우		30만 원	60만 원	100만 원	100만 원
5) 오리고기의 원산지를 표시하지 않은 경우		30만 원	60만 원	100만 원	100만 원
6) 양고기 또는 염소고기의 원산지를 표시하지 않은 경우		품목별 30만 원	품목별 60만 원	품목별 100만 원	품목별 100만 원
7) 쌀의 원산지를 표시하지 않은 경우		30만 원	60만 원	100만 원	100만 원
8) 배추 또는 고춧가루의 원산지를 표시하지 않은 경우		30만 원	60만 원	100만 원	100만 원
9) 콩의 원산지를 표시하지 않은 경우		30만 원	60만 원	100만 원	100만 원
10) 넙치, 조피볼락, 참돔, 미꾸라지, 뱀장어, 낙지, 명태, 고등어, 갈치, 오징어, 꽃게, 참조기, 다랑어, 아귀 및 주꾸미의 원산지를 표시하지 않은 경우		품목별 30만 원	품목별 60만 원	품목별 100만 원	품목별 100만 원
11) 살아있는 수산물의 원산지를 표시하지 않은 경우		5만 원 이상 1,000만 원 이하			
다. 법 제5조제4항에 따른 원산지의 표시방법을 위반한 경우	법 제18조 제1항제2호	5만 원 이상 1,000만 원 이하			

12 아래 농산물을 동시에 취급해야 할 때 각 품목의 생리적 특성을 고려하여 3개 저장고에 나누어 저장하도록 분류하고 그 이유를 각각 설명하시오. [10점]

| 사과 | 가지 | 아스파라거스 | 브로콜리 | 오이 |

(정답) ① 에틸렌을 다량으로 발생하는 사과
② 저온장해에 민감한 가지, 오이(10℃ 내외의 저장고)
③ 아스파라거스, 브로콜리(2℃ 내외의 저장고)

(해설) ㉠ 에틸렌을 다량으로 발생하는 품종과 그렇지 않은 품종을 같이 저장하면 다량으로 발생하는 품종에서 발생한 에틸렌에 의해 그렇지 않은 품종이 피해를 보게 되므로, 분리하여 저장하여야 한다.
㉡ 사과, 복숭아, 토마토, 바나나, 참다래, 감 등은 에틸렌을 다량으로 발생하는 품종이며, 감귤류, 포도, 신고 배, 딸기, 엽채류, 근채류 등은 에틸렌을 미량으로 발생하는 품종이다.
㉢ 가지, 오이는 저온장해에 민감하기 때문에 10℃ 내외의 저장이 바람직하며, 아스파라거스, 브로콜리는 2℃ 내외의 저장이 바람직하다.

13 사과의 수확기를 판정하는 방법 중 ① 요오드반응 검사와 숙성과정에서의 성분 변화, ② 요오드반응 검사 방법, ③ 검사결과 해석 방법을 서술하시오. [7점]

(정답) ① 사과는 숙성과정에서 전분이 당으로 변한다. 전분함량이 변하는 정도를 파악하는 방법으로 요오드반응 검사가 있다.
② 사과를 요오드화칼륨용액에 담가서 청색으로 변하는 면적을 관찰한다.
③ 전분은 요오드와 결합하면 청색으로 변하기 때문에 요오드반응 검사에서 청색으로 변하는 면적이 작을수록 전분함량이 적은 것으로 판단하여 수확적기에 도달한 것으로 해석한다.

(해설) 과일은 성숙되면서 전분이 당으로 변하기 때문에 성숙도가 높은 과일일수록 전분의 함량이 적다. 전분함량의 변화는 요오드반응 검사를 통해 파악한다. 전분은 요오드와 결합하면 청색으로 변하기 때문에 과일을 요오드화칼륨용액에 담가서 청색으로 변하는 면적이 작을수록 전분함량이 적은 것으로 판단한다. 즉, 성숙도가 높아 수확적기에 도달한 것으로 판정한다.

14 에틸렌 제거 방식 중 ① 과망간산칼륨($KMnO_4$)과 ② 활성탄 처리 방식 각각의 작용원리와 사용 시 유의사항을 설명하시오. [8점]

정답 ① 과망간산칼륨($KMnO_4$)은 에틸렌(C_2H_4)에 산화반응을 일으켜 에틸렌을 이산화탄소와 수분의 형태로 제거한다. 이때 효과적인 에틸렌의 제거를 위해서는 공기와 과망간산칼륨의 접촉이 최대한으로 이루어져야 한다는 점에 유의하여야 한다.

② 활성탄은 주성분이 공극구조가 발달한 탄소이다. 따라서 다공성이며 흡착력이 매우 강하다. 활성탄은 에틸렌을 흡착하여 제거한다. 활성탄 사용 시 유의할 점은 활성탄은 흡착제로서 효과가 있으나 높은 습도 조건하에서는 흡착효과가 떨어진다는 점이다. 따라서 제습제를 첨가하여 사용하기도 한다.

15 농산물 유통업체에서 근무하는 농산물품질관리사가 풋고추 1상자(5kg)를 품질평가한 결과이다. 농산물 표준규격에서 규정하고 있는 기준에 따라 이 제품에 대한 항목별 등급 및 종합판정 등급을 쓰고, 그 판정이유를 쓰시오. (단, 주어진 항목 이외에는 등급판정에 고려하지 않음) [6점]

항 목	품질평가 결과	비고
낱개의 고르기	평균 길이에서 ±2.0cm를 초과하는 것이 10%	
색택	짙은 녹색이 균일하고 윤기가 뛰어남	
경결점과	4%	

〈등급판정〉

낱개의 고르기	색택	경결점과	종합판정 등급 및 이유	
등급: (①)	등급: (②)	등급: (③)	등급: (④)	이유: (⑤)

※ 이유 답안 예시: △△ 항목이 ○○%로 "○" 등급 기준의 ○○% 이하(미만) 또는 이상(초과)에 해당됨

정답 ① 특 ② 특 ③ 상 ④ 상

⑤ 낱개의 고르기 항목은 10%로「특」등급 기준인 10% 이하에 해당되고, 색택 항목은「특」등급 기준인 짙은 녹색이 균일하고 윤기가 뛰어난 것에 해당되며, 경결점과 항목은 4%로「상」등급 기준인 5% 이하에 해당되어 낱개의 고르기「특」, 색택「특」, 경결점과「상」이므로 종합등급은「상」으로 판정함

해설 ① 낱개의 고르기 항목은 평균 길이에서 ±2.0cm를 초과하는 것이 10%로서「특」등급 기준인 10% 이하인 것에 해당됨

② 색택 항목은「특」등급 기준인 짙은 녹색이 균일하고 윤기가 뛰어난 것에 해당됨

③ 경결점과 항목은 4%로서「상」등급 기준인 5% 이하인 것에 해당됨

농산물 표준규격 [시행 2020. 10. 14.] [국립농산물품질관리원고시 제2020-16호, 2020. 10. 14., 일부개정]

농산물 표준규격
고 추

[규격번호: 2012]

Ⅰ. 적용 범위

본 규격은 국내에서 생산되어 신선한 상태로 유통되는 풋고추(청양고추, 오이맛 고추 등), 꽈리고추, 홍고추(물고추)에 적용하며, 가공용 또는 수출용에는 적용하지 않는다.

Ⅱ. 등급 규격

등급 항목	특	상	보통
① 낱개의 고르기	평균 길이에서 ±2.0cm를 초과하는 것이 10% 이하인 것(꽈리고추는 20% 이하)	평균 길이에서 ±2.0cm를 초과하는 것이 20% 이하(꽈리고추는 50% 이하)로 혼입된 것	특·상에 미달하는 것
② 길이(꽈리고추에 적용)	4.0~7.0cm인 것이 80% 이상		
③ 색택	• 풋고추, 꽈리고추: 짙은 녹색이 균일하고 윤기가 뛰어난 것 • 홍고추(물고추): 품종 고유의 색깔이 선명하고 윤기가 뛰어난 것	• 풋고추, 꽈리고추: 짙은 녹색이 균일하고 윤기가 있는 것 • 홍고추(물고추): 품종 고유의 색깔이 선명하고 윤기가 있는 것	특·상에 미달하는 것
④ 신선도	꼭지가 시들지 않고 신선하며, 탄력이 뛰어난 것	꼭지가 시들지 않고 신선하며, 탄력이 양호한 것	특·상에 미달하는 것
⑤ 중결점과	없는 것	없는 것	5% 이하인 것(부패·변질과는 포함할 수 없음)
⑥ 경결점과	3% 이하인 것	5% 이하인 것	20% 이하인 것

용어의 정의

① 길이: 꼭지를 제외한다.
② 중결점과는 다음의 것을 말한다.
　㉠ 부패, 변질과: 부패 또는 변질된 것
　㉡ 병충해: 탄저병, 무름병, 담배나방 등 병해충의 피해가 현저한 것
　㉢ 기타: 오염이 심한 것, 씨가 검게 변색된 것
③ 경결점과는 다음의 것을 말한다.
　㉠ 과숙과: 붉은색인 것(풋고추, 꽈리고추에 적용)
　㉡ 미숙과: 색택으로 보아 성숙이 덜된 녹색과(홍고추에 적용)
　㉢ 상해과: 꼭지 빠진 것, 잘라진 것, 갈라진 것
　㉣ 발육이 덜 된 것
　㉤ 기형과 등 기타 결점의 정도가 경미한 것

16 생산자 A는 복숭아(품종 : 백도)를 생산하여 농산물 도매시장에 표준규격 농산물로 출하하려고 1상자(10kg, 45과)를 농산물 표준규격에 따라 계측한 결과가 다음과 같았다. 농산물 표준규격에 따른 항목별 등급을 쓰고, 종합판정 등급과 그 이유를 쓰시오. (단, 주어진 항목 이외에는 등급판정에 고려하지 않음) [6점]

크기 구분(g)	색택	결점과
• 250 이상: 1과 • 215 이상~250 미만: 43과 • 188 이상~215 미만: 1과	품종 고유의 색택이 뛰어남	• 외관상 씨 쪼개짐이 경미한 것: 2과 • 병충해의 피해가 과피에 그친 것: 1과

〈등급판정〉

항목	해당 등급	종합판정 등급 및 이유
낱개의 고르기	(①)	등급: (④)
색택	(②)	이유: (⑤)
결점과	(③)	

※ 이유 답안 예시: △△ 항목이 ○○%로 "○" 등급 기준의 ○○% 이하(미만) 또는 이상(초과)에 해당됨

┄┄┄

정답 ① 상 ② 특 ③ 보통 ④ 보통
⑤ 낱개의 고르기 항목은 4.4%로 「상」 등급 기준인 5% 이하에 해당되며, 색택 항목은 「특」 등급 기준인 품종 고유의 색택이 뛰어난 것에 해당되고, 경결점과 항목은 6.6%로 「보통」 등급 기준인 20% 이하에 해당되어 낱개의 고르기 「상」, 색택 「특」, 경결점과 「보통」이므로 종합판정은 「보통」으로 판정함

해설 ① 2L 1과, L 43과, M 1과로 낱개의 고르기 항목은 4.4%로서 「상」 등급 기준인 5% 이하에 해당됨
② 색택 항목은 「특」 등급 기준인 품종 고유의 색택이 뛰어난 것에 해당됨
③ 경결점 항목은 6.6%로서 「보통」 등급 기준인 20% 이하인 것에 해당됨

농산물 표준규격 [시행 2020. 10. 14.] [국립농산물품질관리원고시 제2020-16호, 2020. 10. 14., 일부개정]

농산물 표준규격
복숭아

[규격번호: 1031]

Ⅰ. 적용 범위
본 규격은 국내에서 생산되어 신선한 상태로 유통되는 복숭아에 적용하며, 가공용 또는 수출용에는 적용하지 않는다.

Ⅱ. 등급 규격

항목 \ 등급	특	상	보통
① 낱개의 고르기	별도로 정하는 크기 구분표 [표 1]에서 무게가 다른 것이 섞이지 않은 것	별도로 정하는 크기 구분표 [표 1]에서 무게가 다른 것이 5% 이하인 것. 단, 크기 구분표의 해당 크기에서 1단계를 초과 할 수 없다.	특·상에 미달하는 것
② 색택	품종 고유의 색택이 뛰어난 것	품종 고유의 색택이 양호한 것	특·상에 미달하는 것
③ 중결점과	없는 것	없는 것	5% 이하인 것(부패·변질과는 포함할 수 없음)
④ 경결점과	없는 것	5% 이하인 것	20% 이하인 것

[표 1] 크기 구분

품종 \ 호칭		2L	L	M	S
1개의 무게(g)	유명, 장호원황도, 천중백도, 서미골드 및 이와 유사한 품종	375 이상	300 이상 ~ 375 미만	250 이상 ~ 300 미만	210 이상 ~ 250 미만
	백도, 천홍, 사자, 창방, 대구보, 진미, 미백 및 이와 유사한 품종	250 이상	215 이상 ~ 250 미만	188 이상 ~ 215 미만	150 이상 ~ 188 미만
	포목조생, 선광, 수봉 및 이와 유사한 품종	210 이상	180 이상 ~ 210 미만	150 이상 ~ 180 미만	120 이상 ~ 150 미만
	백미조생, 찌요마루, 선프레, 암킹 및 이와 유사한 품종	180 이상	150 이상 ~ 180 미만	125 이상 ~ 150 미만	100 이상 ~ 125 미만

용어의 정의

① 중결점과는 다음의 것을 말한다.
- ㉠ 이품종과: 품종이 다른 것
- ㉡ 부패, 변질과: 과육이 부패 또는 변질된 것
- ㉢ 미숙과: 당도, 경도 및 색택으로 보아 성숙이 현저하게 덜된 것
- ㉣ 과숙과: 경도, 색택으로 보아 성숙이 지나치게 된 것
- ㉤ 병충해과: 복숭아탄저병, 세균성구멍병(천공병), 검은점무늬병(흑점병), 복숭아명나방, 복숭아심식나방 등 병해충의 피해가 과육까지 미친 것
- ㉥ 상해과: 열상, 자상 또는 압상이 있는 것. 다만 경미한 것은 제외한다.
- ㉦ 모양: 모양이 심히 불량한 것, 외관상 씨 쪼개짐이 두드러진 것
- ㉧ 기타: 경결점과에 속하는 사항으로 그 피해가 현저한 것

② 경결점과는 다음의 것을 말한다.
- ㉠ 품종 고유의 모양이 아닌 것
- ㉡ 외관상 씨 쪼개짐이 경미한 것
- ㉢ 병해충의 피해가 과피에 그친 것
- ㉣ 경미한 일소, 약해, 찰상 등으로 외관이 떨어지는 것
- ㉤ 기타 결점의 정도가 경미한 것

17 농산물품질관리사 A가 오이(계통: 다다기) 1상자(100개)를 농산물 표준규격에 따라 계측한 결과가 다음과 같았다. 낱개의 고르기, 모양 및 결점과의 등급을 쓰고, 종합판정 등급 및 그 이유를 쓰시오. (단, 주어진 항목 이외에는 등급판정에 고려하지 않음) [6점]

낱개의 고르기	모양	결점과
• 평균 길이에서 ±1.5cm 이하인 것: 46개 • 평균 길이에서 ±1.5cm를 초과하는 것: 4개	• 품종 고유의 모양을 갖춘 것으로 처음과 끝의 굵기가 일정하며 구부러진 정도가 1cm 이내인 것	• 형상불량 정도가 경미한 것: 2개 • 병충해의 정도가 경미한 것: 1개

〈등급판정〉

낱개의 고르기	모양	결점과		종합판정 등급 및 이유	
등급: (①)	등급: (②)	혼입율: (③)	등급: (④)	등급: (⑤)	이유: (⑥)

※ 이유 답안 예시: △△ 항목이 ○○%로 "○" 등급 기준의 ○○% 이하(미만) 또는 이상(초과)에 해당됨

정답 ① 특 ② 특 ③ 보통 ④ 6% ⑤ 보통
⑥ 낱개의 고르기 항목은 8%로 「특」 등급 기준인 10% 이하에 해당되며, 모양 항목은 「특」 등급 기준인 품종 고유의 모양을 갖춘 것으로 처음과 끝의 굵기가 일정하며 구부러진 정도가 다다기 1.5cm 이내에 해당되고, 경결점과 항목은 6%로 「보통」 등급 기준인 20% 이하에 해당되어, 낱개의 고르기 「특」, 모양 「특」, 경결점과 「보통」이므로 종합판정은 「보통」으로 판정함

해설 ① 낱개의 고르기 항목은 ±1.5cm를 초과하는 것이 8%로서 「특」 등급 기준인 10% 이하에 해당됨
② 모양 항목은 품종 고유의 모양을 갖춘 것으로 처음과 끝의 굵기가 일정하며 구부러진 정도가 1cm 이내이므로 「특」 등급 기준인 품종 고유의 모양을 갖춘 것으로 처음과 끝의 굵기가 일정하며 구부러진 정도가 다다기·취청계는 1.5cm 이내, 가시계는 2.0cm 이내인 것에 해당됨
③ 경결점과 혼입율은 6%로 「보통」 등급 기준인 20% 이하에 해당됨

농산물 표준규격 [시행 2020. 10. 14.] [국립농산물품질관리원고시 제2020-16호, 2020. 10. 14., 일부개정]

농산물 표준규격
오 이

[규격번호: 2021]

Ⅰ. 적용 범위
본 규격은 국내에서 생산되어 신선한 상태로 유통되는 오이에 적용하며, 가공용 또는 수출용에는 적용하지 않는다.

Ⅱ. 등급 규격

항목 \ 등급	특	상	보통
① 낱개의 고르기	평균 길이에서 ±2.0cm(다 다기계는 ±1.5cm)를 초과 하는 것이 10% 이하인 것	평균 길이에서 ±2.0cm(다 다기계는 ±1.5cm)를 초과 하는 것이 20% 이하인 것	특·상에 미달하는 것
② 색택	품종 고유의 색택이 뛰어 난 것	품종 고유의 색택이 양호 한 것	특·상에 미달한 것
③ 모양	품종 고유의 모양을 갖춘 것 으로 처음과 끝의 굵기가 일 정하며 구부러진 정도가 다 다기·취청계는 1.5cm 이내, 가시계는 2.0cm 이내인 것	품종 고유의 모양을 갖춘 것으로 처음과 끝의 굵기 가 대체로 일정하며 구부 러진 정도가 다다기·취 청계는 3.0cm 이내, 가시 계는 4.0cm 이내인 것	특·상에 미달한 것
④ 신선도	꼭지와 표피가 메마르지 않고 싱싱한 것	꼭지와 표피가 메마르지 않고 싱싱한 것	특·상에 미달한 것
⑤ 중결점과	없는 것	없는 것	5% 이하인 것(부패·변질 과는 포함할 수 없음)
⑥ 경결점과	없는 것	5% 이하인 것	20% 이하인 것

용어의 정의

① 구부러진 정도: 다음 그림과 같다.

② 중결점과는 다음의 것을 말한다.
  ㉠ 과숙과: 색택 또는 육질로 보아 성숙이 지나친 것
  ㉡ 부패, 변질과: 과육이 부패, 변질된 것
  ㉢ 상해과: 절상, 자상, 압상이 있는 것. 다만 경미한 것은 제외한다.
  ㉣ 병충해과: 흰가루병, 잿빛곰팡이병 등 병해충의 피해를 입은 것
  ㉤ 공동과: 과실 내부에 공극이 있는 것
  ㉥ 모양: 열과, 기형과 등 모양이 불량한 것
  ㉦ 기타: 오염된 것
③ 경결점과는 다음의 것을 말한다.
  ㉠ 형상불량 정도가 경미한 것
  ㉡ 병충해, 상해의 정도가 경미한 것
  ㉢ 기타 결점의 정도가 경미한 것

18 국립농산물품질관리원 소속 조사공무원 A는 생산자 B가 농산물도매시장에 출하한 감자(품종: 수미) 중에서 등급이 '특'으로 표시된 1상자(20kg)를 표본으로 추출하여 계측하였더니 다음과 같았다. 계측 결과를 종합하여 판정한 등급과 그 이유를 쓰고, 농수산물 품질관리법령상 국립농산물품질관리원장이 생산자 B에게 조치하는 행정처분기준을 쓰시오. (단, 의무표시사항 중 등급 이외 항목은 모두 적정하게 표시되었으며 주어진 항목 이외에는 등급판정에 고려하지 않음. 생산자 B는 농수산물 품질관리법령 위반 이력이 없으며 감경사유 없음) [7점]

1개의 무게(개수)	결점과
300g(8개), 270g(35개), 240g(4개), 210g(2개), 180g(1개)	• 병충해가 외피에 그친 것: 1개 • 품종 고유의 모양이 아닌 것: 1개

〈등급판정〉

종합판정 등급	이유	행정처분기준
(①)	(②)	(③)

※ 이유 답안 예시: △△ 항목이 ○○%로 "○" 등급 기준의 ○○% 이하(미만) 또는 이상(초과)에 해당됨

──────────

정답 ① 보통
② 낱개의 고르기 항목은 22%로 「보통」 등급의 기준에 해당되며, 경결점과 항목은 4%로 「특」 등급의 기준인 5% 이하에 해당되어 낱개의 고르기 「보통」, 경결점과 「특」이므로 종합판정은 「보통」으로 판정함
③ 표시정지 1개월

해설 낱개의 고르기 항목은 L 3개, 2L 39개, 3L 8개로서 22%이며, 이는 「보통」 등급의 기준에 해당됨. 경결점과 항목은 혼입율이 4%로 「특」 등급의 기준인 5% 이하에 해당됨. 종합적으로 「보통」으로 판정함

농산물 표준규격 [시행 2020. 10. 14.] [국립농산물품질관리원고시 제2020-16호, 2020. 10. 14., 일부개정]

농산물 표준규격
감　자

[규격번호: 4011]]

Ⅰ. 적용 범위
　본 규격은 국내에서 생산되어 신선한 상태로 유통되는 감자에 적용하며, 가공용 또는 수출용에는 적용하지 않는다.

II. 등급 규격

항목＼등급	특	상	보통
① 낱개의 고르기	별도로 정하는 크기 구분 표 [표 1]에서 무게가 다른 것이 10% 이하인 것	별도로 정하는 크기 구분 표 [표 1]에서 무게가 다른 것이 20% 이하인 것	특·상에 미달하는 것
② 손질	흙 등 이물질 제거 정도가 뛰어나고 표면이 적당하게 건조된 것	흙 등 이물질 제거 정도가 양호하고 표면이 적당하게 건조된 것	특·상에 미달하는 것
③ 중결점	없는 것	없는 것	5% 이하인 것(부패·변질된 것은 포함할 수 없음)
④ 경결점	5% 이하인 것	10% 이하인 것	20% 이하인 것

[표 1] 크기 구분

품종＼호칭		3L	2L	L	M	S	2S
1개의 무게(g)	수미 및 이와 유사한 품종	280 이상	220 이상 ~ 280 미만	160 이상 ~ 220 미만	100 이상 ~ 160 미만	40 이상 ~ 100 미만	40 미만
	대지 및 이와 유사한 품종	500 이상	400 이상 ~ 500 미만	300 이상 ~ 400 미만	200 이상 ~ 300 미만	40 이상 ~ 200 미만	40 미만

용어의 정의

① 중결점은 다음의 것을 말한다.
  ㉠ 이품종: 품종이 다른 것
  ㉡ 부패, 변질: 감자가 부패 또는 변질된 것
  ㉢ 병충해: 둘레썩음병, 겹둥근무늬병, 더뎅이병, 굼벵이 등의 피해가 육질까지 미친 것
  ㉣ 상해: 열상, 자상 등 상처가 있는 것. 다만, 경미하거나 상처 부위가 아문 것은 제외한다.
  ㉤ 기형: 2차 생장 등 그 형상 불량 정도가 현저한 것
  ㉥ 싹이 난 것, 광선에 의해 녹변된 것 등 그 피해가 현저한 것
② 경결점은 다음의 것을 말한다.
  ㉠ 품종 고유의 모양이 아닌 것
  ㉡ 병충해가 외피에 그친 것
  ㉢ 상해 및 기타 결점의 정도가 경미한 것

■ 농수산물 품질관리법 시행령 [별표 1] 〈개정 2021. 12. 28.〉

시정명령 등의 처분기준(제11조 및 제16조 관련)

1. 일반기준
    가. 위반행위가 둘 이상인 경우
        1) 각각의 처분기준이 시정명령, 인증취소 또는 등록취소인 경우에는 하나의 위반행위로 간주한다. 다만 각각의 처분기준이 표시정지인 경우에는 각각의 처분기준을 합산하여 처분할 수 있다.
        2) 각각의 처분기준이 다른 경우에는 그 중 무거운 처분기준을 적용한다. 다만, 각각의 처분기준이 표시정지인 경우에는 무거운 처분기준의 2분의 1까지 가중할 수 있으며, 이 경우 각 처분기준을 합산한 기간을 초과할 수 없다.
    나. 위반행위의 횟수에 따른 행정처분의 기준은 최근 1년간 같은 위반행위로 행정처분을 받는 경우에 적용한다. 이 경우 행정처분 기준의 적용은 같은 위반행위에 대하여 최초로 행정처분을 한 날과 다시 같은 위반행위로 적발한 날을 기준으로 한다.
    다. 생산자단체의 구성원의 위반행위에 대해서는 1차적으로 위반행위를 한 구성원에 대하여 행정처분을 하되, 그 구성원이 소속된 조직 또는 단체에 대해서는 그 구성원의 위반의 정도를 고려하여 처분을 경감하거나 그 구성원에 대한 처분기준보다 한 단계 낮은 처분기준을 적용한다.
    라. 위반행위의 내용으로 보아 고의성이 없거나 특별한 사유가 있다고 인정되는 경우에는 그 처분을 표시정지의 경우에는 2분의 1의 범위에서 경감할 수 있고, 인증취소ㆍ등록취소인 경우에는 6개월 이상의 표시정지 처분으로 경감할 수 있다.

2. 개별기준
    가. 표준규격품

위반행위	근거 법조문	행정처분 기준		
		1차 위반	2차 위반	3차 위반
1) 법 제5조제2항에 따른 표준규격품의 무표시사항이 누락된 경우	법 제31조 제1항제3호	시정명령	표시정지 1개월	표시정지 3개월
2) 법 제5조제2항에 따른 표준규격이 아닌 포장재에 표준규격품의 표시를 한 경우	법 제31조 제1항제1호	시정명령	표시정지 1개월	표시정지 3개월
3) 법 제5조제2항에 따른 표준규격품의 생산이 곤란한 사유가 발생한 경우	법 제31조 제1항제2호	표시정지 6개월		
4) 법 제29조제1항을 위반하여 내용물과 다르게 거짓표시나 과장된 표시를 한 경우	법 제31조 제1항제3호	표시정지 1개월	표시정지 3개월	표시정지 6개월

19 농산물품질관리사 A가 시중에 유통되고 있는 피땅콩(1포대, 20kg)을 농산물 표준규격에 따라 품위를 계측한 결과 다음과 같았다. 농산물 표준규격에 따른 항목별 등급을 쓰고, 종합하여 판정한 등급과 그 이유를 쓰시오. (단, 주어진 항목 이외에는 등급판정에 고려하지 않음) [6점]

구분	빈 꼬투리	피해 꼬투리	이물
계측결과	3.8%	1.2%	0.2%

〈등급판정〉

빈 꼬투리	피해 꼬투리	이물	종합판정 등급 및 이유	
등급: (①)	등급: (②)	등급: (③)	등급: (④)	이유: (⑤)

※ 이유 답안 예시: △△ 항목이 ○○%로 "○" 등급 기준의 ○○% 이하(미만) 또는 이상(초과)에 해당됨

정답 ① 상 ② 특 ③ 특 ④ 상

⑤ 빈 꼬투리 항목이 3.8%로 「상」 등급 기준인 5.0% 이하에 해당되며, 피해 꼬투리 항목이 1.2%로 「특」 등급 기준인 3.0% 이하에 해당되고, 이물 항목이 0.2%로 「특」 등급 기준인 0.5% 이하에 해당되어 빈 꼬투리 「상」, 피해 꼬투리 「특」, 이물 「특」이므로 종합판정은 「상」으로 판정함

해설 ① 빈 꼬투리 항목이 3.8%로 「상」 등급 기준인 5.0% 이하에 해당됨
② 피해 꼬투리 항목이 1.2%로 「특」 등급 기준인 3.0% 이하에 해당됨
③ 이물 항목이 0.2%로 「특」 등급 기준인 0.5% 이하에 해당됨

농산물 표준규격 [시행 2020. 10. 14.] [국립농산물품질관리원고시 제2020-16호, 2020. 10. 14., 일부개정]

농산물 표준규격
피땅콩

[규격번호: 5021]

Ⅰ. 적용 범위

본 규격은 국내에서 생산되어 유통되는 피땅콩을 대상으로 하며, 가공용 또는 수출용에는 적용하지 않는다.

Ⅱ. 등급 규격

항목＼등급	특	상	보통
① 모양	품종 고유의 모양과 색택으로 크기가 균일하고 충실한 것	품종 고유의 모양과 색택으로 크기가 균일하고 충실한 것	특·상에 미달하는 것
② 수분	10.0% 이하인 것	10.0% 이하인 것	10.0% 이하인 것
③ 빈 꼬투리	3.0% 이하인 것	5.0% 이하인 것	10.0% 이하인 것
④ 피해 꼬투리	3.0% 이하인 것	5.0% 이하인 것	10.0% 이하인 것
⑤ 이물	0.5% 이하인 것	1.0% 이하인 것	2.0% 이하인 것

20 생산자 A는 수확한 사과(품종: 후지)를 선별하였더니 다음과 같았다. 선별한 사과를 이용하여 5kg들이 상자에 담아 표준규격품으로 출하하려고 할 때 '특' 등급에 해당하는 최대 상자 수와 그 구성 내용을 쓰시오. (단, 상자의 구성은 1과당 무게와 색택이 우수한 것부터 구성하고, 주어진 항목 이외에는 등급판정에 고려하지 않음) [8점]

1과당 무게	개수	중량	착색비율별 개수			
400g	13개	5,200g	● 2개,	◑ 9개,	◐ 2개	
350g	13개	4,550g	● 3개,	◑ 8개,	◐ 2개	
300g	14개	4,200g		◑ 11개,	◐ 2개,	◔ 1개
250g	20개	5,000g	● 4개,	◑ 12개,	◐ 2개,	◔ 2개
계	60개	18,950g	● 9개,	◑ 40개,	◐ 8개,	◔ 3개

착색비율: ● 70%, ◑ 60%, ◐ 50%, ◔ 40%

등급	최대 상자 수	상자별 구성 내용
특	(①)상자	(②)

※ 구성 내용 예시: ○○○g(색택, ◇◇%) □개 + ○○○g(색택, ◇◇%) □개 + …

정답 ① 1

② 350g(색택 70%) 3개 + 350g(색택 60%) 7개 + 300g(색택 60%) 5개

해설 농산물 표준규격 [시행 2020. 10. 14.] [국립농산물품질관리원고시 제2020-16호, 2020. 10. 14., 일부개정]

농산물 표준규격
사 과

[규격번호: 1011]

Ⅰ. 적용 범위

　본 규격은 국내에서 생산되어 신선한 상태로 유통되는 사과에 적용하며, 가공용 또는 수출용에는 적용하지 않는다.

II. 등급 규격

항목 \ 등급	특	상	보통
① 낱개의 고르기	별도로 정하는 크기 구분표 [표 1]에서 무게가 다른 것이 섞이지 않은 것	낱개의 고르기: 별도로 정하는 크기 구분표 [표 1]에서 무게가 다른 것이 5% 이하인 것. 단, 크기 구분표의 해당 무게에서 1단계를 초과 할 수 없다.	특·상에 미달하는 것
② 색택	별도로 정하는 품종별/등급별 착색비율 [표 2]에서 정하는 「특」이외의 것이 섞이지 않은 것. 단, 쓰가루(비착색계)는 적용하지 않음	별도로 정하는 품종별/등급별 착색비율 [표 2]에서 정하는 「상」에 미달하는 것이 없는 것. 단, 쓰가루(비착색계)는 적용하지 않음	별도로 정하는 품종별/등급별 착색비율 [표 2]에서 정하는 「보통」에 미달하는 것이 없는 것
③ 신선도	윤기가 나고 껍질의 수축현상이 나타나지 않은 것	껍질의 수축현상이 나타나지 않은 것	특·상에 미달하는 것
④ 중결점과	없는 것	없는 것	5% 이하인 것(부패·변질과는 포함할 수 없음)
⑤ 경결점과	없는 것	10% 이하인 것	20% 이하인 것

[표 1] 크기 구분

구분 \ 호칭	3L	2L	L	M	S	2S
g/개	375 이상	300 이상 ~ 375 미만	250 이상 ~ 300 미만	214 이상 ~ 250 미만	188 이상 ~ 214 미만	167 이상 ~ 188 미만

[표 2] 품종별/등급별 착색비율

품종 \ 등급	특	상	보통
홍옥, 홍로, 화홍, 양광 및 이와 유사한 품종	70% 이상	50% 이상	30% 이상
후지, 조나골드, 세계일, 추광, 서광, 선홍, 새나라 및 이와 유사한 품종	60% 이상	40% 이상	20% 이상
쓰가루(착색계) 및 이와 유사한 품종	20% 이상	10% 이상	–

용어의 정의

① 착색비율은 낱개별로 전체 면적에 대한 품종 고유의 색깔이 착색된 면적의 비율을 말한다.
② 중결점과는 다음의 것을 말한다.
　㉠ 이품종과: 품종이 다른 것
　㉡ 부패, 변질과: 과육이 부패 또는 변질된 것(과숙에 의해 육질이 변질된 것을 포함한다.)
　㉢ 미숙과: 당도, 경도, 착색으로 보아 성숙이 현저하게 덜된 것(성숙 이전에 인공 착색한 것을 포함한다.)

② 병충해과: 탄저병, 검은별무늬병(흑성병), 겹무늬썩음병, 복숭아심식나방 등 병해충의 피해가 과육까지 미친 것
⑩ 생리장해과: 고두병, 과피 반점이 과실표면에 있는 것
⑪ 내부갈변과: 갈변증상이 과육까지 미친 것
⑫ 상해과: 열상, 자상 또는 압상이 있는 것. 다만 경미한 것은 제외한다.
⑬ 모양: 모양이 심히 불량한 것
⑭ 기타: 경결점과에 속하는 사항으로 그 피해가 현저한 것
③ 경결점과는 다음의 것을 말한다.
　⑦ 품종 고유의 모양이 아닌 것
　⑧ 경미한 녹, 일소, 약해, 생리장해 등으로 외관이 떨어지는 것
　⑨ 병해충의 피해가 과피에 그친 것
　⑩ 경미한 찰상 등 중결점과에 속하지 않는 상처가 있는 것
　⑪ 꼭지가 빠진 것
　⑫ 기타 결점의 정도가 경미한 것

농산물품질관리사 2차 시험 기출문제

※ 단답형 문제에 대해 답하시오. (1~10번 문제)

01 오리농장과 음식점을 함께 운영하고 있는 A씨는 미국에서 수입한 오리를 국내에서 45일간 사육한 후 국내산으로 판매하려고 한다. 본인의 오리전문 일반음식점에서 오리탕 메뉴로 사용할 경우 농수산물의 원산지 표시에 관한 법령에 따른 메뉴판의 원산지 표시를 쓰시오. [3점]

정답 오리탕(오리고기: 국내산(출생국: 미국))

해설 수입한 닭 또는 오리를 국내에서 1개월 이상 사육한 후 국내산(국산)으로 유통하는 경우에는 "국산"이나 "국내산"으로 표시하되, 괄호 안에 출생국가명을 함께 표시한다.

> [예시] 삼겹살(돼지고기: 국내산), 삼계탕(닭고기: 국내산), 훈제오리(오리고기: 국내산), 삼겹살(돼지고기: 국내산(출생국: 덴마크)), 삼계탕(닭고기: 국내산(출생국: 프랑스)), 훈제오리(오리고기: 국내산(출생국: 중국))

농수산물의 원산지 표시 등에 관한 법률 시행규칙 [별표 4] 〈개정 2020. 4. 27.〉

영업소 및 집단급식소의 원산지 표시방법(제3조제2호 관련)

3. 원산지 표시대상별 표시방법
   가. 축산물의 원산지 표시방법: 축산물의 원산지는 국내산(국산)과 외국산으로 구분하고, 다음의 구분에 따라 표시한다.
   1) 소고기
      가) 국내산(국산)의 경우 "국산"이나 "국내산"으로 표시하고, 식육의 종류를 한우, 젖소, 육우로 구분하여 표시한다. 다만, 수입한 소를 국내에서 6개월 이상 사육한 후 국내산(국산)으로 유통하는 경우에는 "국산"이나 "국내산"으로 표시하되, 괄호 안에 식육의 종류 및 출생국가명을 함께 표시한다.

      > [예시] 소갈비(소고기: 국내산 한우), 등심(소고기: 국내산 육우), 소갈비(소고기: 국내산 육우(출생국: 호주))

      나) 외국산의 경우에는 해당 국가명을 표시한다.

      > [예시] 소갈비(소고기: 미국산)

2) 돼지고기, 닭고기, 오리고기 및 양고기(염소 등 산양 포함)

　가) 국내산(국산)의 경우 "국산"이나 "국내산"으로 표시한다. 다만, 수입한 돼지 또는 양을 국내에서 2개월 이상 사육한 후 국내산(국산)으로 유통하거나, 수입한 닭 또는 오리를 국내에서 1개월 이상 사육한 후 국내산(국산)으로 유통하는 경우에는 "국산"이나 "국내산"으로 표시하되, 괄호 안에 출생국가명을 함께 표시한다.

> [예시] 삼겹살(돼지고기: 국내산), 삼계탕(닭고기: 국내산), 훈제오리(오리고기: 국내산), 삼겹살(돼지고기: 국내산(출생국: 덴마크)), 삼계탕(닭고기: 국내산(출생국: 프랑스)), 훈제오리(오리고기: 국내산(출생국: 중국))

　나) 외국산의 경우 해당 국가명을 표시한다.

> [예시] 삼겹살(돼지고기: 덴마크산), 염소탕(염소고기: 호주산), 삼계탕(닭고기: 중국산), 훈제오리(오리고기: 중국산)

나. 쌀(찹쌀, 현미, 찐쌀을 포함한다. 이하 같다) 또는 그 가공품의 원산지 표시방법: 쌀 또는 그 가공품의 원산지는 국내산(국산)과 외국산으로 구분하고, 다음의 구분에 따라 표시한다.

1) 국내산(국산)의 경우 "밥(쌀: 국내산)", "누룽지(쌀: 국내산)"로 표시한다.

2) 외국산의 경우 쌀을 생산한 해당 국가명을 표시한다.

> [예시] 밥(쌀: 미국산), 죽(쌀: 중국산)

다. 배추김치의 원산지 표시방법

1) 국내에서 배추김치를 조리하여 판매·제공하는 경우에는 "배추김치"로 표시하고, 그 옆에 괄호로 배추김치의 원료인 배추(절인 배추를 포함한다)의 원산지를 표시한다. 이 경우 고춧가루를 사용한 배추김치의 경우에는 고춧가루의 원산지를 함께 표시한다.

> [예시] − 배추김치(배추: 국내산, 고춧가루: 중국산), 배추김치(배추: 중국산, 고춧가루: 국내산)
> − 고춧가루를 사용하지 않은 배추김치: 배추김치(배추: 국내산)

2) 외국에서 제조·가공한 배추김치를 수입하여 조리하여 판매·제공하는 경우에는 배추김치를 제조·가공한 해당 국가명을 표시한다.

> [예시] 배추김치(중국산)

라. 콩(콩 또는 그 가공품을 원료로 사용한 두부류·콩비지·콩국수)의 원산지 표시방법: 두부류, 콩비지, 콩국수의 원료로 사용한 콩에 대하여 국내산(국산)과 외국산으로 구분하여 다음의 구분에 따라 표시한다.

1) 국내산(국산) 콩 또는 그 가공품을 원료로 사용한 경우 "국산"이나 "국내산"으로 표시한다.

> [예시] 두부(콩: 국내산), 콩국수(콩: 국내산)

2) 외국산 콩 또는 그 가공품을 원료로 사용한 경우 해당 국가명을 표시한다.

> [예시] 두부(콩: 중국산), 콩국수(콩: 미국산)

02 농수산물 품질관리법령상 이력추적관리 등록에 관한 내용이다. 다음 (   )에 들어갈 내용을 쓰시오. [4점]

> 농산물에 대한 이력추적관리 등록의 유효기간은 등록한 날부터 (①)년으로 한다. 다만, 품목의 특성상 달리 적용할 필요가 있는 경우에는 (②)년의 범위에서 농림축산식품부령으로 유효기간을 달리 정할 수 있다. 유효기간을 달리 적용할 유효기간은 인삼류는 (③)년 이내, 약용작물류는 (④)년 이내의 범위 내에서 등록기관의 장이 정하여 고시한다.

정답 ① 3 ② 10 ③ 5 ④ 6

해설 농수산물 품질관리법[시행 2022. 6. 22.] 제24조(이력추적관리)

① 다음 각 호의 어느 하나에 해당하는 자 중 이력추적관리를 하려는 자는 농림축산식품부장관에게 등록하여야 한다 〈개정 2013. 3. 23., 2015. 3. 27.〉

1. 농산물(축산물은 제외한다. 이하 이 절에서 같다)을 생산하는 자
2. 농산물을 유통 또는 판매하는 자(표시·포장을 변경하지 아니한 유통·판매자는 제외한다. 이하 같다)

② 제1항에도 불구하고 대통령령으로 정하는 농산물을 생산하거나 유통 또는 판매하는 자는 농림축산식품부장관에게 이력추적관리의 등록을 하여야 한다. 〈개정 2013. 3. 23., 2015. 3. 27.〉

③ 제1항 또는 제2항에 따라 이력추적관리의 등록을 한 자는 농림축산식품부령으로 정하는 등록사항이 변경된 경우 변경 사유가 발생한 날부터 1개월 이내에 농림축산식품부장관에게 신고하여야 한다. 〈개정 2013. 3. 23., 2015. 3. 27.〉

④ 농림축산식품부장관은 제3항에 따른 변경신고를 받은 날부터 10일 이내에 신고수리 여부를 신고인에게 통지하여야 한다. 〈신설 2019. 8. 27.〉

⑤ 농림축산식품부장관이 제4항에서 정한 기간 내에 신고수리 여부 또는 민원 처리 관련 법령에 따른 처리기간의 연장을 신고인에게 통지하지 아니하면 그 기간(민원 처리 관련 법령에 따라 처리기간이 연장 또는 재연장된 경우에는 해당 처리기간을 말한다)이 끝난 날의 다음 날에 신고를 수리한 것으로 본다. 〈신설 2019. 8. 27.〉

⑥ 제1항에 따라 이력추적관리의 등록을 한 자는 해당 농산물에 농림축산식품부령으로 정하는 바에 따라 이력추적관리의 표시를 할 수 있으며, 제2항에 따라 이력추적관리의 등록을 한 자는 해당 농산물에 이력추적관리의 표시를 하여야 한다. 〈개정 2013. 3. 23., 2015. 3. 27., 2019. 8. 27.〉

⑦ 제1항에 따라 등록된 농산물 및 제2항에 따른 농산물(이하 "이력추적관리농산물"이라 한다)을 생산하거나 유통 또는 판매하는 자는 이력추적관리에 필요한 입고·출고 및 관리 내용을 기록하여 보관하는 등 농림축산식품부장관이 정하여 고시하는 기준(이하 "이력추적관리기준"이라 한다)을 지켜야 한다. 다만, 이력추적관리농산물을 유통 또는 판매하는 자 중 행상·노점상 등 대통령령으로 정하는 자는 예외로 한다. 〈개정 2013. 3. 23., 2015. 3. 27., 2019. 8. 27.〉

⑧ 농림축산식품부장관은 제1항 또는 제2항에 따라 이력추적관리의 등록을 한 자에 대하여 이력추적관리에 필요한 비용의 전부 또는 일부를 지원할 수 있다. 〈신설 2014. 5. 20., 2015. 3. 27., 2019. 8. 27.〉

⑨ 이력추적관리의 대상품목, 등록절차, 등록사항, 그 밖에 등록에 필요한 세부적인 사항은 농림축산식품부령으로 정한다. 〈개정 2013. 3. 23., 2014. 5. 20., 2015. 3. 27., 2019. 8. 27.〉

농수산물 품질관리법[시행 2022. 6. 22.] 제25조(이력추적관리 등록의 유효기간 등)

① 제24조제1항 및 제2항에 따른 <u>이력추적관리 등록의 유효기간은 등록한 날부터 3년으로 한다. 다만, 품목의 특성상 달리 적용할 필요가 있는 경우에는 10년의 범위에서 농림축산식품부령으로 유효기간을 달리 정할 수 있다.</u> 〈개정 2013. 3. 23., 2015. 3. 27.〉

② 다음 각 호의 어느 하나에 해당하는 자는 이력추적관리 등록의 유효기간이 끝나기 전에 이력추적관리의 등록을 갱신하여야 한다. 〈개정 2015. 3. 27.〉

   1. 제24조제1항에 따라 이력추적관리의 등록을 한 자로서 그 유효기간이 끝난 후에도 계속하여 해당 농산물에 대하여 이력추적관리를 하려는 자

   2. 제24조제2항에 따라 이력추적관리의 등록을 한 자로서 그 유효기간이 끝난 후에도 계속하여 해당 농산물을 생산하거나 유통 또는 판매하려는 자

③ 제24조제1항 및 제2항에 따라 이력추적관리의 등록을 한 자가 제1항의 유효기간 내에 해당 품목의 출하를 종료하지 못할 경우에는 농림축산식품부장관의 심사를 받아 이력추적관리 등록의 유효기간을 연장할 수 있다. 〈개정 2013. 3. 23., 2015. 3. 27.〉

④ 이력추적관리 등록의 갱신 및 유효기간 연장의 절차 등에 필요한 세부적인 사항은 농림축산식품부령으로 정한다. 〈개정 2013. 3. 23., 2015. 3. 27.〉

농수산물 품질관리법 시행규칙 [시행 2023. 2. 28.] 제50조(이력추적관리 등록의 유효기간 등)

법 제25조제1항 단서에 따라 유효기간을 달리 적용할 유효기간은 다음 각 호의 구분에 따른 범위 내에서 등록기관의 장이 정하여 고시한다.

1. 인삼류: 5년 이내

2. 약용작물류: 6년 이내

3. 삭제 〈2016. 4. 6.〉

농수산물 품질관리법[시행 2022. 6. 22.] 제27조(이력추적관리 등록의 취소 등)

① 농림축산식품부장관은 제24조에 따라 등록한 자가 다음 각 호의 어느 하나에 해당하면 그 등록을 취소하거나 6개월 이내의 기간을 정하여 이력추적관리 표시정지를 명하거나 시정명령을 할 수 있다. 다만, 제1호, 제2호 또는 제7호에 해당하면 등록을 취소하여야 한다. 〈개정 2013. 3. 23., 2015. 3. 27., 2016. 12. 2., 2019. 8. 27., 2020. 2. 18.〉

   1. 거짓이나 그 밖의 부정한 방법으로 등록을 받은 경우

   2. 이력추적관리 표시정지 명령을 위반하여 계속 표시한 경우

   3. 제24조제3항에 따른 이력추적관리 등록변경신고를 하지 아니한 경우

   4. 제24조제6항에 따른 표시방법을 위반한 경우

   5. 이력추적관리기준을 지키지 아니한 경우

   6. 제26조제2항을 위반하여 정당한 사유 없이 자료제출 요구를 거부한 경우

   7. 업종전환·폐업 등으로 이력추적관리농산물을 생산, 유통 또는 판매하기 어렵다고 판단되는 경우

② 제1항에 따른 등록취소, 표시정지 및 시정명령의 기준, 절차 등 세부적인 사항은 농림축산식품부령으로 정한다. 〈개정 2013. 3. 23., 2015. 3. 27., 2016. 12. 2.〉

03 2021년 4월 14일 K시장에서 농산물 원산지 표시 실태 단속결과, 참깨를 판매하는 A점포와 녹두를 판매하는 B점포를 적발하였고 위반 내용은 아래와 같다. 농산물의 원산지 표시에 관한 법률상 다음 (   )에 들어갈 내용을 쓰시오. (단, 벌금 액수는 '1천5백 만' 형식으로 기재할 것) [3점]

구분	위반 내용	벌칙 및 처분기준
A점포	국산과 수입산을 혼합하여 판매하면서 원산지를 국산으로 표시함. 또한 4년 전에 동일한 행위의 죄로 형을 선고받고 그 형이 확정(2017년 4월 11일)된 바 있음	• (①)년 이상 (②)년 이하의 징역 • (③)원 이상 (④)원 이하의 벌금 • 이를 병과할 수 있다.
B점포	원산지 표시를 혼동하게 할 목적으로 그 표시를 손상시킴. 이 점포는 과거에 원산지 표시 위반 사례는 없음	• (⑤)년 이하의 징역 • (⑥)원 이하의 벌금 • 이를 병과할 수 있다.

정답 ① 1 ② 10 ③ 500만 ④ 1억5천만 ⑤ 7 ⑥ 1억

해설 **농수산물의 원산지 표시 등에 관한 법률 [시행 2022. 1. 1.]**
제14조(벌칙)
① 제6조제1항 또는 제2항을 위반한 자는 7년 이하의 징역이나 1억 원 이하의 벌금에 처하거나 이를 병과(倂科)할 수 있다. 〈개정 2016. 12. 2.〉
② 제1항의 죄로 형을 선고받고 그 형이 확정된 후 5년 이내에 다시 제6조제1항 또는 제2항을 위반한 자는 1년 이상 10년 이하의 징역 또는 500만 원 이상 1억5천만 원 이하의 벌금에 처하거나 이를 병과할 수 있다. 〈신설 2016. 12. 2.〉

농수산물의 원산지 표시 등에 관한 법률 [시행 2022. 1. 1.]
제6조(거짓 표시 등의 금지)
① 누구든지 다음 각 호의 행위를 하여서는 아니 된다.
　1. 원산지 표시를 거짓으로 하거나 이를 혼동하게 할 우려가 있는 표시를 하는 행위
　2. 원산지 표시를 혼동하게 할 목적으로 그 표시를 손상·변경하는 행위
　3. 원산지를 위장하여 판매하거나, 원산지 표시를 한 농수산물이나 그 가공품에 다른 농수산물이나 가공품을 혼합하여 판매하거나 판매할 목적으로 보관이나 진열하는 행위
② 농수산물이나 그 가공품을 조리하여 판매·제공하는 자는 다음 각 호의 행위를 하여서는 아니 된다.
　1. 원산지 표시를 거짓으로 하거나 이를 혼동하게 할 우려가 있는 표시를 하는 행위
　2. 원산지를 위장하여 조리·판매·제공하거나, 조리하여 판매·제공할 목적으로 농수산물이나 그 가공품의 원산지 표시를 손상·변경하여 보관·진열하는 행위
　3. 원산지 표시를 한 농수산물이나 그 가공품에 원산지가 다른 동일 농수산물이나 그 가공품을 혼합하여 조리·판매·제공하는 행위

04 A씨는 상추를 재배하면서 2020년 7월 1일자로 농산물우수관리인증을 취득하였으나 시장의 수급문제로 상추 대신 딸기로 품목을 변경하여 농산물우수관리인증을 신청하고자 한다. 농수산물 품질관리법령에 따라 A씨의 향후 농산물우수관리인증 변경 신청서 제출과 관련한 다음을 답하시오. [3점]

- 제출처: (①)
- 우수관리인증 변경 신청서 첨부서류: (②)
- 신청가능 최종일: (③)

정답 ① 우수관리인증기관
② 우수관리인증농산물(이하 "우수관리인증농산물"이라 한다)의 위해요소관리계획서, 생산자단체 또는 그 밖의 생산자 조직(이하 "생산자집단"이라 한다)의 사업운영계획서(생산자집단이 신청하는 경우만 해당한다)
③ 2022년 5월 31일

해설 농수산물 품질관리법[시행 2022. 6. 22.]
제6조(농산물우수관리의 인증)
① 농림축산식품부장관은 농산물우수관리의 기준(이하 "우수관리기준"이라 한다)을 정하여 고시하여야 한다. 〈개정 2013. 3. 23.〉
② 우수관리기준에 따라 농산물(축산물은 제외한다. 이하 이 절에서 같다)을 생산·관리하는 자 또는 우수관리기준에 따라 생산·관리된 농산물을 포장하여 유통하는 자는 제9조에 따라 지정된 농산물우수관리인증기관(이하 "우수관리인증기관"이라 한다)으로부터 농산물우수관리의 인증(이하 "우수관리인증"이라 한다)을 받을 수 있다.
③ 우수관리인증을 받으려는 자는 우수관리인증기관에 우수관리인증의 신청을 하여야 한다. 다만, 다음 각 호의 어느 하나에 해당하는 자는 우수관리인증을 신청할 수 없다.
    1. 제8조제1항에 따라 우수관리인증이 취소된 후 1년이 지나지 아니한 자
    2. 제119조 또는 제120조를 위반하여 벌금 이상의 형이 확정된 후 1년이 지나지 아니한 자
④ 우수관리인증기관은 제3항에 따라 우수관리인증 신청을 받은 경우 제7항에 따른 우수관리인증의 기준에 맞는지를 심사하여 그 결과를 알려야 한다.
⑤ 우수관리인증기관은 제4항에 따라 우수관리인증을 한 경우 우수관리인증을 받은 자가 우수관리기준을 지키는지 조사·점검하여야 하며, 필요한 경우에는 자료제출 요청 등을 할 수 있다.
⑥ 우수관리인증을 받은 자는 우수관리기준에 따라 생산·관리한 농산물(이하 "우수관리인증농산물"이라 한다)의 포장·용기·송장(送狀)·거래명세표·간판·차량 등에 우수관리인증의 표시를 할 수 있다.
⑦ 우수관리인증의 기준·대상품목·절차 및 표시방법 등 우수관리인증에 필요한 세부사항은 농림축산식품부령으로 정한다. 〈개정 2013. 3. 23.〉

농수산물 품질관리법 [시행 2022. 6. 22.]
제7조(우수관리인증의 유효기간 등)
① 우수관리인증의 유효기간은 우수관리인증을 받은 날부터 2년으로 한다. 다만, 품목의 특성에 따라 달리 적용할 필요가 있는 경우에는 10년의 범위에서 농림축산식품부령으로 유효기간을 달리 정할 수 있다. 〈개정 2013. 3. 23.〉

② 우수관리인증을 받은 자가 유효기간이 끝난 후에도 계속하여 우수관리인증을 유지하려는 경우에는 그 유효기간이 끝나기 전에 해당 우수관리인증기관의 심사를 받아 우수관리인증을 갱신하여야 한다.

③ 우수관리인증을 받은 자는 제1항의 유효기간 내에 해당 품목의 출하가 종료되지 아니할 경우에는 해당 우수관리인증기관의 심사를 받아 우수관리인증의 유효기간을 연장할 수 있다.

④ 제1항에 따른 우수관리인증의 유효기간이 끝나기 전에 생산계획 등 농림축산식품부령으로 정하는 중요 사항을 변경하려는 자는 미리 우수관리인증의 변경을 신청하여 해당 우수관리인증기관의 승인을 받아야 한다. 〈개정 2013. 3. 23.〉

⑤ 우수관리인증의 갱신절차 및 유효기간 연장의 절차 등에 필요한 세부적인 사항은 농림축산식품부령으로 정한다. 〈개정 2013. 3. 23.〉

농수산물 품질관리법 시행규칙 [시행 2023. 2. 28.]

제10조(우수관리인증의 신청)

① 법 제6조제3항에 따라 우수관리인증을 받으려는 자는 별지 제1호서식의 농산물우수관리인증 (신규·갱신)신청서에 다음 각 호의 서류를 첨부하여 법 제9조제1항에 따라 우수관리인증기관으로 지정받은 기관(이하 "우수관리인증기관"이라 한다)에 제출하여야 한다. 〈개정 2014.9.30, 2018.5.3〉

　　1. 삭제 〈2013.11.29〉

　　2. 법 제6조제6항에 따른 우수관리인증농산물(이하 "우수관리인증농산물"이라 한다)의 위해요소관리계획서

　　3. 생산자단체 또는 그 밖의 생산자 조직(이하 "생산자집단"이라 한다)의 사업운영계획서(생산자집단이 신청하는 경우만 해당한다)

농수산물 품질관리법 시행규칙 [시행 2023. 2. 28.]

제14조(우수관리인증의 유효기간)

법 제7조제1항 단서에 따라 유효기간을 달리 적용할 유효기간은 다음 각 호의 범위에서 국립농산물품질관리원장이 정하여 고시한다.

1. 인삼류: 5년 이내

2. 약용작물류: 6년 이내

농수산물 품질관리법 시행규칙 [시행 2023. 2. 28.]

제15조(우수관리인증의 갱신)

① 우수관리인증을 받은 자가 법 제7조제2항에 따라 우수관리인증을 갱신하려는 경우에는 별지 제1호서식의 농산물우수관리인증 (신규·갱신)신청서에 제10조제1항 각 호의 서류 중 변경사항이 있는 서류를 첨부하여 그 유효기간이 끝나기 1개월 전까지 우수관리인증기관에 제출하여야 한다. 〈개정 2018. 5. 3.〉

② 우수관리인증의 갱신에 필요한 세부적인 절차 및 방법에 대해서는 제11조제1항부터 제5항까지 및 제7항을 준용한다.

③ 우수관리인증기관은 유효기간이 끝나기 2개월 전까지 신청인에게 갱신절차와 갱신신청 기간을 미리 알려야 한다. 이 경우 통지는 휴대전화 문자메시지, 전자우편, 팩스, 전화 또는 문서 등으로 할 수 있다. 〈개정 2018. 5. 3.〉

농수산물 품질관리법 시행규칙 [시행 2023. 2. 28.]

제17조(우수관리인증의 변경)

① 법 제7조제4항에 따라 우수관리인증을 변경하려는 자는 별지 제5호서식의 농산물우수관리인증 변경신청서에 제10조제1항 각 호의 서류 중 변경사항이 있는 서류를 첨부하여 우수관리인증기관에 제출하여야 한다. 〈개정 2018. 5. 3.〉

② 법 제7조제4항에서 "농림축산식품부령으로 정하는 중요 사항"이란 다음 각 호의 사항을 말한다. 〈개정 2013. 3. 24., 2014. 9. 30., 2022. 1. 6.〉

1. 우수관리인증농산물의 위해요소관리계획 중 생산계획(품목, 재배면적, 생산계획량, 수확 후 관리시설)
2. 우수관리인증을 받은 생산자집단의 대표자(생산자집단의 경우만 해당한다)
3. 우수관리인증을 받은 자의 주소(생산자집단의 경우 대표자의 주소를 말한다)
4. 우수관리인증농산물의 재배필지(생산자집단의 경우 각 구성원이 소유한 재배필지를 포함한다)

③ 우수관리인증의 변경신청에 대한 심사 절차 및 방법에 대해서는 제11조제1항부터 제5항까지 및 제7항을 준용한다.

05 다음 (   )에 들어갈 올바른 내용을 〈보기〉에서 찾아 쓰시오. [4점]

원예산물에서는 일반적으로 (①) 고형물의 함량을 당도로 표현하며, 표시단위는 (②)(으)로 한다. 고형물의 함량은 (③)당도계를 이용하여 측정하는데 이는 과즙을 통과하는 빛이 녹아 있는 고형물에 의해 (④)지는 원리를 이용한 것이다.

┤ 보기 ├

°Brix   RPM   굴절   회절   가용성   불용성   느려   빨라

정답 ① 가용성 ② °Brix ③ 굴절 ④ 느려

해설 원예산물은 일반적으로 가용성 고형물의 함량을 당도로 표현한다. 원예산물의 당도 측정은 소량의 과즙을 짜내어서 굴절당도계로 측정한다. 굴절당도계는 빛이 통과할 때 과즙 속에 녹아 있는 가용성 고형물에 의해 빛이 굴절된다는 원리와 가용성 고형물에 의해 통과하는 빛의 속도가 늦어진다는 것을 이용한 것이다. 설탕물 10% 용액의 당도를 10% 또는 10°Brix로 표준화하거나, 증류수의 당도를 0% 또는 0°Brix로 당도계의 수치를 보정한 후 측정한다.

06 딸기와 복숭아에서 상업적으로 이용되고 있는 물질로서 10~20% 정도의 고농도로 처리했을 때 수확 후 부패방지 및 품질유지에 효과적인 가스형태의 물질명을 쓰시오. [3점]

정답 이산화탄소(CO_2)

해설 딸기와 복숭아를 저장하기 전에 이산화탄소(CO_2) 처리를 하여 저장하면 경도 유지율을 높여 신선도 및 상품성 유지에 효과적이다.

07 다음은 원예산물에서 무기원소에 관한 설명이다. (   )에 들어갈 물질을 쓰시오. [3점]

> - (①): 엽록소의 성분이며 원예산물에서 녹색의 정도와 관계된다.
> - (②): 주로 세포벽에 결합되어 있으며 사과의 고두병, 토마토의 배꼽썩음병과 관련이 있다.
> - (③): 세포막 구성 지질의 주요 성분이며 탄수화물대사와 에너지전달에 중요한 역할을 한다.

(정답) ① 마그네슘(Mg) ② 칼슘(Ca) ③ 인(P)

(해설) ① 마그네슘(Mg)은 엽록소의 구성원소이며, 결핍되면 황백화현상이 나타난다.
② 칼슘(Ca)은 세포막의 주성분이며 단백질의 합성에 관여한다. 칼슘은 식물의 잎에 함유량이 많으며 체내에서 이동하기 힘들다. 사과의 고두병, 토마토의 배꼽썩음병, 땅콩의 공협(빈꼬투리) 등은 칼슘의 결핍으로 발생한다.
③ 인지질(phospholipid)은 세포막을 구성하는 성분 중의 하나이다. 인(P)은 단수화물데시에 관여한다.

08 다음 (   )에 들어갈 올바른 내용을 쓰시오. [4점]

> 원예산물에서 수확 후 증산작용에 의한 (①)손실은 세포팽압, 중량 등의 감소로 인한 품질저하를 가져온다. 증산계수란 단위무게, 단위시간당 발생하는 수분증발을 말하며 수치가 (②)수록 수분증발이 심한 것을 의미한다. 0℃, 상대습도 80%, 공기유동이 없는 동일조건에서 당근, 시금치, 토마토 중 증산계수가 가장 낮은 작물은 (③)이다. 일반적으로 사과, 자두 등은 저장 및 유통기간 중 감모율을 줄이기 위해 과피에 (④)와(과) 같은 코팅제를 처리하기도 한다.

(정답) ① 수분 ② 클 ③ 당근 ④ 왁스

(해설) 건물(乾物) 1g을 생산하는 데 소비된 증산량을 증산계수라고 한다. 또한 건물(乾物) 1g을 생산하는 데 소비된 수분량을 요수량이라고 한다. 대체로 수분소비량과 증산량은 일치하기 때문에 증산계수와 요수량은 동의어로 사용되고 있다. 요수량이 적은 작물은 건조한 토양과 한발에 대한 저항성이 강하며, 요수량이 많은 작물은 관개의 필요성이 크다. 옥수수, 수수, 기장 등은 요수량이 적고, 호박, 앨팰퍼, 클로버, 완두, 오이 등은 요수량이 많다.

09 다음에서 ( )에 들어갈 올바른 내용을 쓰시오. [3점]

> 농업인 A씨는 농산물품질관리사로부터 딸기 '설향'을 (①)저장하면 비타민 C의 함량 저하가 지연되고 과피색도 양호하게 유지된다는 설명을 들었다. 그러나 (①)저장은 질소발생기 등 자재 및 시설을 구축하여야 하므로 실용적으로 실시가 어려운 점이 있어 폴리에틸렌 필름을 이용한 (②)저장을 이용하기로 결정하였다. 이에 농업인 A씨는 (②)저장의 효과를 최대화하기 위해 필름의 두께와 (③)의 투과성 등을 고려하여 구매하고 이용하려고 한다.

정답 ① CA ② MA ③ 가스

해설 ① CA저장은 저온저장고 내부의 공기조성을 산소(O_2) 8% 이하, 이산화탄소(CO_2) 1% 이상으로 인위적으로 조절함으로써 저장된 원예산물의 호흡을 억제하고 이에 따라 원예산물의 신선도 유지와 저장성을 높이는 저장방법이다. 냉장조건으로만 저장한 딸기는 2주 후에 약 50%가 식용으로 불가능하게 되지만, CA저장에서는 5주 후에도 약 10%만이 변질된다는 연구결과가 있다. 그러나 CA저장은 시설비와 유지비가 많이 든다는 단점이 있다.
② MA저장은 원예산물을 플라스틱 필름 백(film bag)에 넣어 저장하는 것으로서 CA저장과 비슷한 효과를 얻을 수 있다. MA저장은 원예산물의 종류, 필름의 가스 투과도, 필름의 두께 등을 고려하여야 한다.

10 B농가에서는 〈보기〉에 있는 품목의 원예산물을 수확하였다. 수확 후 즉시 저장을 하였으나 상처 부위가 아물지 않아 상품성이 떨어진 품목이 있었다. 농산물품질관리사가 B농가에게 수확 후 치유(큐어링)를 하면 품질을 향상시키고 저장성을 높일 수 있다고 지도한 원예산물을 〈보기〉에서 찾아 모두 쓰시오. [2점]

> **보기**
>
> 오이   감자   고구마   브로콜리   상추

정답 감자, 고구마

해설 땅속에서 자라는 감자, 고구마는 수확 시 물리적 상처를 입는 경우가 많고, 마늘, 양파 등 인경채류는 수확 시 잘라낸 줄기 부위가 제대로 아물지 않아 장기저장이 어려운 경우가 많다. 이와 같이 원예산물이 받은 상처를 치유하는 것을 큐어링(curing, 치유)이라고 하며 품목별 큐어링 방법은 다음과 같다.
㉠ 감자는 온도 15~20℃, 습도 85~90%에서 2주일 정도 큐어링하면 코르크층이 형성되어 수분손실과 부패균의 침입을 막을 수 있다.
㉡ 고구마는 수확 후 1주일 이내에 온도 30~33℃, 습도 85~90%에서 4~5일간 큐어링한 후 저장하면 상처가 치유되고 당분함량이 증가한다.
㉢ 양파는 온도 34℃, 습도 70~80%에서 4~7일간 큐어링한다.
㉣ 마늘은 온도 35~40℃, 습도 70~80%에서 4~7일간 큐어링한다.

※ 서술형 문제에 대해 답하시오. (11~20번 문제)

11 다음은 농산물 지리적표시권의 승계와 관련하여 개인자격으로 지리적표시를 등록한 A씨(지리적표시권자)와 B씨(담당공무원) 간의 대화 내용이다. A씨의 고충을 상담한 담당공무원 B씨의 (   )에 들어갈 답변을 간략히 쓰시오. (주어진 내용 이외는 고려하지 않음) [5점]

> [대화 내용]
> • A씨: 지리적표시권의 승계에 대해 궁금해서 전화드렸습니다.
> • B씨: 농수산물 품질관리법 제35조에 따라 지리적표시권은 타인에게 이전하거나 승계를 할 수가 없으나 합당한 사유에 해당하면 (①)의 사전 승인을 받아 승계를 할 수 있습니다.
> • A씨: 아, 그렇군요. 제가 승계를 고민하는 이유가 있습니다. 저는 조상의 전통을 계승하여 가업으로 물려받은 독보적인 기술을 보유하고 있으며, 국내에서 지리적 특성을 가진 유일한 제품을 독자적으로 제조 및 가공 생산하고 있으며 재정상태도 매우 우수합니다. 이제 나이가 들어 자녀에게 승계하고 3년 정도 함께 일하면서 기술을 전수하고 은퇴하고 싶어서 승계를 고민하고 있습니다. 이런 경우 지리적표시권이 자녀에게 승계가 가능한가요? 불가능한가요?
> • B씨: 현 시점에서 승계는 불가합니다. 그 이유는 (②).
> • A씨: 예, 잘 알겠습니다.

(정답) ① 농림축산식품부장관
② 개인 자격으로 등록한 지리적표시권은 개인 자격으로 등록한 지리적표시권자가 사망한 경우에 농림축산식품부장관의 사전 승인을 받아 이전하거나 승계할 수 있다.

(해설) **농수산물 품질관리법 [시행 2022. 6. 22.]**
제35조(지리적표시권의 이전 및 승계)
지리적표시권은 타인에게 이전하거나 승계할 수 없다. 다만, 다음 각 호의 어느 하나에 해당하면 농림축산식품부장관 또는 해양수산부장관의 사전 승인을 받아 이전하거나 승계할 수 있다. 〈개정 2013. 3. 23.〉
1. 법인 자격으로 등록한 지리적표시권자가 법인명을 개정하거나 합병하는 경우
2. 개인 자격으로 등록한 지리적표시권자가 사망한 경우

12 C영농조합법인에서는 품온이 27℃인 참외를 5℃ 냉각수를 이용하여 예냉하고자 한다. 1회 반감기까지 20분이 소요되었고, 일반적으로 권장되는 경제적 예냉수준(7/8 수준)까지 예냉하였을 때 ① 반감기 경과 횟수에 따른 품온과 ② 소요시간을 계산하시오. (단, 주어진 조건 이외는 고려하지 않음) [6점]

> **정답** ① 반감기가 1번(20분) 경과하면 품온은 16℃이고, 반감기가 2번(40분) 경과하면 품온은 10.5℃이며, 반감기가 3번(60분) 경과하면 품온은 7.75℃이다.
> ② 60분

> **해설** 예냉의 반감기는 원예산물의 품온에서 최종목표온도까지 예냉할 때 예냉해야 할 온도의 반(半)을 예냉하는데 소요되는 시간이다. 반감기가 1번 경과하면 1/2 예냉수준이 되고, 반감기가 2번 경과하면 3/4 예냉수준이 된다. 그리고 반감기가 3번 경과하면 7/8 예냉수준이 되며, 7/8 예냉수준을 경제적인 예냉수준이라고 한다.
> 문제의 경우 예냉 대상 온도는 22℃이며, 반감기가 1번(20분) 경과하면 1/2 예냉수준이 되므로 11℃ 만큼 예냉되어 품온은 16℃이고, 반감기가 2번(40분) 경과하면 3/4 예냉수준이 되므로 16.5℃ 만큼 예냉되어 품온은 10.5℃이고, 반감기가 3번(60분) 경과하면 7/8 예냉수준이 되므로 19.25℃ 만큼 예냉되어 품온은 7.75℃이다.

13 사과, 토마토 등에서 상업적으로 사용되고 있는 AVG(aminoethoxyvinyl glycine)와 과망간산칼륨(KMnO₄)의 에틸렌에 대한 화학적 제어원리를 각각 설명하시오. [6점]

> **정답** AVG(aminoethoxyvinyl glycine)는 에틸렌의 합성을 억제한다. 과망간산칼륨($KMnO_4$)은 에틸렌의 2중결합을 깨뜨리고 산화시켜 제거한다. (에틸렌 흡착)

14 농산물품질관리사 A씨가 녹숙상태의 토마토와 감귤을 상온에 저장하였는데, 저장 7일 후 과실표면의 착색변화가 관찰되었다. 두 작물의 ① 호흡특성과 ② 색소대사에 대해 각각 설명하시오. [8점]

> **정답** ① 토마토는 호흡상승과(climacteric fruits)로서 숙성단계에서 호흡이 현저하게 증가하는 특성이 있으며, 감귤은 비호흡상승과(non-climacteric fruits)로서 숙성단계에서도 호흡의 증가는 나타나지 않는다.
> ② 원예산물은 미숙단계에서는 엽록소가 많지만 숙성함에 따라 엽록소는 파괴되어 녹색이 감소하고, 원예산물 고유의 색소가 조직에서 만들어져 발현된다. 토마토는 황색 색소인 β-카로틴과 적색 색소인 라이코펜(Lycopene)이 발현되고, 감귤은 황색 색소인 β-카로틴이 발현된다.

> **해설** 작물이 숙성단계에서 호흡이 현저하게 증가하는 과실을 호흡상승과(climacteric fruits)라고 하며, 사과, 토마토, 바나나, 키위, 망고, 참다래, 감, 복숭아 등이 있다. 또한 숙성단계에서도 호흡의 증가를 나타내지 않는 과실을 비호흡상승과(non-climacteric fruits)라고 하며, 오이, 호박, 가지 등 대부분의 채소류와 딸기, 수박, 포도, 오렌지, 파인애플, 감귤 등이 있다.

숙성됨에 따라 원예산물 고유의 색소가 발현하게 되는데 대표적인 색소는 다음과 같다.

색소		색깔	해당 과실
카로티노이드계	β-카로틴	황색	감귤, 토마토, 당근, 호박
	라이코펜(Lycopene)	적색	토마토, 당근, 수박
	캡산틴	적색	고추
안토시아닌계		적색	딸기, 사과
플라보노이드계		황색	토마토, 양파

15 농산물품질관리사 H씨가 당근 1상자(10kg)에 대해서 품위를 계측한 결과 다음과 같다. 농산물 표준규격상 낱개의 고르기 및 손질상태의 등급, 경결점과의 비율을 쓰고, 종합판정한 등급과 그 이유를 쓰시오. (단, 주어진 항목 이외는 등급판정에 고려하지 않으며, 비율은 소수점 첫째자리까지 구함) [7점]

계측수량	1상자 무게(g) 분포	항목별 계측결과
45개	• 160g 이상~180g 미만: 520g • 180g 이상~200g 미만: 570g • 200g 이상~215g 미만: 3,180g • 215g 이상~235g 미만: 3,220g • 235g 이상~250g 미만: 1,470g • 250g 이상~265g 미만: 1,040g	• 표면이 매끈하고 꼬리 부위의 비대가 양호하다. • 잎은 1.0cm 이하로 자르고 흙과 수염뿌리가 제거가 되어 있다. • 선충에 의한 피해가 표면에 발생한 흔적이 있는 것이 3개가 있다. • 품종 고유의 모양이 아닌 것이 1개가 있다.

〈등급판정〉

낱개의 고르기	손질상태	경결점과 비율	종합판정 등급 및 이유	
등급: (①)	등급: (②)	(③)%	등급: (④)	이유: (⑤)

※ 이유 답안 예시: △△ 항목이 ○○%로 "○" 등급 기준의 ○○% 이하(미만) 또는 이상(초과)에 해당됨

정답 ① 보통 ② 특 ③ 8.8 ④ 보통

⑤ 낱개의 고르기 항목이 21.3%로서 「보통」 등급의 기준에 해당되며, 모양 항목이 「특」 등급 기준인 표면이 매끈하고 꼬리 부위의 비대가 양호한 것에 해당되고, 손질상태 항목은 「특」 등급의 기준인 잎은 1.0cm 이하로 자르고 흙과 수염뿌리를 제거한 것에 해당되며, 경결점과 항목은 8.8%로 「상」 등급 기준인 10% 이하에 해당되어 낱개의 고르기 「보통」, 모양 「특」, 손질상태 「특」, 경결점과 「상」이므로 종합판정은 「보통」으로 판정함

해설 ① M 1,090g, L 7,870g, 2L 1,040g임. 낱개의 고르기 항목이 21.3%로서 「보통」에 해당됨

② 손질상태 항목은 「특」의 조건을 충족하고 있음

③ 경결점과 4개로서 경결점과 비율은 8.8%임

농산물 표준규격 [시행 2020. 10. 14.] [국립농산물품질관리원고시 제2020-16호, 2020. 10. 14., 일부개정]

농산물 표준규격
당 근

[규격번호: 3071]

Ⅰ. 적용 범위

본 규격은 국내에서 생산되어 신선한 상태로 유통되는 당근에 적용하며, 가공용 또는 수출용에는 적용하지 않는다.

Ⅱ. 등급 규격

항목＼등급	특	상	보통
① 낱개의 고르기	별도로 정하는 크기 구분표 [표 1]에서 무게가 다른 것이 10% 이하인 것	별도로 정하는 크기 구분표 [표 1]에서 무게가 다른 것이 20% 이하인 것	특·상에 미달하는 것
② 색택	품종 고유의 색택이 뛰어난 것	품종 고유의 색택이 양호한 것	특·상에 미달하는 것
③ 모양	표면이 매끈하고 꼬리 부위의 비대가 양호한 것	표면이 매끈하고 꼬리 부위의 비대가 양호한 것	특·상에 미달하는 것
④ 손질	잎은 1.0cm 이하로 자르고 흙과 수염뿌리를 제거한 것	잎은 1.0cm 이하로 자르고 흙과 수염뿌리를 제거한 것	잎은 1.0cm 이하로 자른 것
⑤ 중결점과	없는 것	없는 것	5% 이하인 것(부패·변질된 것은 포함할 수 없음)
⑥ 경결점과	5% 이하인 것	10% 이하인 것	20% 이하인 것

[표 1] 크기 구분

구분＼호칭	2L	L	M	S
1개의 무게(g)	250 이상	200 이상~250 미만	150 이상~200 미만	100 이상~150 미만

용어의 정의

① 중결점은 다음의 것을 말한다.
　㉠ 부패·변질: 뿌리가 부패 또는 변질된 것
　㉡ 병해, 충해, 냉해 등의 피해가 있는 것
　㉢ 형상불량: 부러진 것, 심하게 굽은 것, 원뿌리가 2개 이상인 것 쪼개진 것, 바람들이가 있는 것, 녹변이 심한 것
　㉣ 기타: 기타 경결점에 속하는 사항으로 그 피해가 현저한 것
② 경결점은 다음의 것을 말한다.
　㉠ 품종 고유의 모양이 아닌 것
　㉡ 병충해가 외피에 그친 것
　㉢ 상해 및 기타 결점의 정도가 경미한 것

16 참외 생산자 H씨가 농산물 도매시장에 표준규격품으로 출하하고자 1상자(20kg, 40개들이)를 계측한 결과가 다음과 같다. 농산물 표준규격상의 각 항목별 등급과 종합판정 등급 및 그 이유를 쓰시오. (단, 주어진 항목 이외에는 등급판정에 고려하지 않음) [7점]

항목	낱개의 고르기	색택	경결점과
계측 결과	500g 이상~715g 미만: 2개 375g 이상~500g 미만: 38개	착색비율 95%	품종 고유의 모양이 아닌 것: 1개
항목별 등급	(①)	(②)	(③)
종합판정 및 이유	• 종합판정 등급: (④) • 이유: (⑤)		

※ 이유 답안 예시: △△ 항목이 ○○%로 "○" 등급 기준의 ○○% 이하(미만) 또는 이상(초과)에 해당됨

정답 ① 상 ② 특 ③ 특 ④ 상
⑤ 낱개의 고르기 항목이 5%로 「상」 등급 기준인 5% 이하에 해당되며, 착색비율이 95%로 「특」 등급 기준인 90% 이상에 해당되고, 경결점과 항목이 2.5%로 「특」 등급 기준인 3% 이하에 해당되어 낱개의 고르기 「상」, 색택 「특」, 경결점과 「특」이므로 종합판정은 「상」으로 판정함

해설 ① 낱개의 고르기 항목이 5%로 「상」 기준의 5% 이하에 해당됨
② 착색비율이 95%로 「특」 기준의 90% 이상에 해당됨
③ 경결점과 항목이 2.5%로 「특」 기준인 3% 이하에 해당됨

농산물 표준규격 [시행 2020. 10. 14.] [국립농산물품질관리원고시 제2020-16호, 2020. 10. 14., 일부개정]

농산물 표준규격
오 이

[규격번호: 2061]

Ⅰ. 적용 범위
본 규격은 국내에서 생산되어 신선한 상태로 유통되는 참외에 적용하며, 가공용 또는 수출용에는 적용하지 않는다.

Ⅱ. 등급 규격

항목＼등급	특	상	보통
① 낱개의 고르기	별도로 정하는 크기 구분표 [표 1]에서 무게가 다른 것이 3% 이하인 것. 단, 크기 구분표의 해당 무게에서 1단계를 초과할 수 없다.	별도로 정하는 크기 구분표 [표 1]에서 무게가 다른 것이 5% 이하인 것. 단, 크기 구분표의 해당 무게에서 1단계를 초과할 수 없다.	특·상에 미달하는 것
② 색택	착색비율이 90% 이상인 것	착색비율이 80% 이상인 것	특·상에 미달하는 것

항목 \ 등급	특	상	보통
③ 신선도, 숙도	과육의 성숙 정도가 적당하며, 과피에 갈변현상이 없고 신선도가 뛰어난 것	과육의 성숙 정도가 적당하며, 과피에 갈변현상이 경미하고 신선도가 양호한 것	특·상에 미달하는 것
④ 중결점과	없는 것	없는 것	5% 이하인 것(부패·변질과는 포함할 수 없음)
⑤ 경결점과	3% 이하인 것	5% 이하인 것	20% 이하인 것

[표 1] 크기 구분

구분 \ 호칭	3L	2L	L	M	S	2S	3S
1개의 무게(g)	715 이상	500 이상 ~ 715 미만	375 이상 ~ 500 미만	300 이상 ~ 375 미만	250 이상 ~ 300 미만	214 이상 ~ 250 미만	214 미만

용어의 정의

① 착색비율은 낱개별로 전체 면적에 대한 품종 고유의 색깔이 착색된 면적의 비율을 말한다.

② 중결점과는 다음의 것을 말한다.
  ㉠ 이품종과: 품종이 다른 것
  ㉡ 부패, 변질과: 과육이 부패 또는 변질된 것
  ㉢ 과숙과: 성숙이 지나치거나 과육이 연화된 것
  ㉣ 미숙과: 당도, 경도, 착색으로 보아 성숙이 현저하게 덜된 것
  ㉤ 병충해과: 탄저병 등 병해충의 피해가 있는 것. 다만, 경미한 것은 제외한다.
  ㉥ 상해과: 열상, 자상 또는 압상 등이 있는 것. 다만, 경미한 것은 제외한다.
  ㉦ 모양: 모양이 불량한 것

③ 경결점과는 다음의 것을 말한다.
  ㉠ 병충해, 상해의 피해가 경미한 것
  ㉡ 품종 고유의 모양이 아닌 것
  ㉢ 기타 결점의 정도가 경미한 것

17 C씨는 2019년에 수확한 들깨를 저온저장고에 보관하던 중 2021년 7월에 소분해서 판매하고자 1kg을 계측한 결과가 다음과 같았다. 농산물 표준규격에 따라 각 항목별 등급과 종합판정 등급 및 그 이유를 쓰시오. (단, 주어진 조건 및 항목 이외에는 등급판정에 고려하지 않음) [7점]

> • 품위에 영향을 미치는 충해립의 무게: 1.5g
> • 파쇄된 들깨의 무게: 2.5g
> • 껍질의 색깔이 현저하게 다른 들깨의 무게: 18g
> • 들깨 외의 흙이나 먼지의 무게: 4g

〈등급판정〉

항목	해당 등급	종합판정 등급 및 이유
피해립	(①)	종합판정 등급: (④)
이종피색립	(②)	이유: (⑤)
이물	(③)	

정답 ① 특 ② 특 ③ 특 ④ 상
⑤ 피해립 항목이 0.4%로 「특」 등급 기준인 0.5% 이하에 해당되며, 이종피색립 항목이 1.8%로 「특」 등급 기준인 2.0% 이하에 해당되고, 이물 항목이 0.4%로 「특」 등급 기준인 0.5% 이하에 해당되어 피해립 「특」, 이종피색립 「특」, 이물 「특」이지만, 수확 연도로부터 1년이 경과되었으므로 「특」이 될 수 없고 「상」으로 판정함

해설 ① 피해립(4g) 항목이 0.4%로 「특」 기준인 0.5% 이하에 해당됨
② 이종피색립 항목이 1.8%로 「특」 기준인 2.0% 이하에 해당됨
③ 이물 항목이 0.4%로 「특」 기준인 0.5% 이하에 해당됨
⑤ 생산 연도가 다른 들깨가 혼입된 경우나, 수확 연도로부터 1년이 경과되면 「특」이 될 수 없음

농산물 표준규격 [시행 2020. 10. 14.] [국립농산물품질관리원고시 제2020-16호, 2020. 10. 14., 일부개정]

농산물 표준규격
들 깨

[규격번호: 5031]

Ⅰ. **적용범위**
본 규격은 국내에서 생산되어 유통되는 들깨에 적용하며, 가공용 또는 수출용에는 적용하지 않는다.

Ⅱ. **등급 규격**

항목＼등급	특	상	보통
① 모양	낟알의 모양과 크기가 균일하고 충실한 것	낟알의 모양과 크기가 균일하고 충실한 것	특·상에 미달하는 것

항목＼등급	특	상	보통
② 수분	10.0% 이하인 것	10.0% 이하인 것	10.0% 이하인 것
③ 용적중(g/ℓ)	500 이상인 것	470 이상인 것	440 이상인 것
④ 피해립	0.5% 이하인 것	1.0% 이하인 것	2.0% 이하인 것
⑤ 이종곡립	0.0% 이하인 것	0.3% 이하인 것	0.5% 이하인 것
⑥ 이종피색립	2.0% 이하인 것	5.0% 이하인 것	10.0% 이하인 것
⑦ 이물	0.5% 이하인 것	1.0% 이하인 것	2.0% 이하인 것
⑧ 조건	생산 연도가 다른 들깨가 혼입된 경우나, 수확 연도로부터 1년이 경과되면 「특」이 될 수 없음		

용어의 정의

① 백분율(%): 전량에 대한 무게의 비율을 말한다.
② 용적중: 「별표6」「항목별 품위계측 및 감정방법」에 따라 측정한 1ℓ의 무게를 말한다.
③ 피해립: 병해립, 충해립, 변질립, 변색립, 파쇄립 등을 말한다. 다만, 들깨 품위에 영향을 미치지 아니할 정도의 것은 제외한다.
④ 이종곡립: 들깨 외의 다른 곡립을 말한다.
⑤ 이종피색립: 껍질의 색깔이 현저하게 다른 들깨를 말한다.
⑥ 이물: 들깨 외의 것을 말한다.

18 농산물품질관리사 A씨가 11월에 출하한 은주밀감 1상자(10kg, 100개들이)를 농산물 표준규격 등급판정을 위해 계측한 결과가 다음과 같았다. 항목 등급, 결점과 종류와 비율, 종합판정 등급과 그 이유를 쓰시오. (단, 비율은 소수점 첫째자리까지 구하고, 주어진 항목 이외는 등급 판정에 고려하지 않음) [7점]

계측수량	껍질 뜬 정도	색택	결점과
50개	껍질 내표면적의 11%	착색 비율 86%	• 꼭지가 퇴색된 것: 1개 • 지름 3mm 일소 피해: 1개

〈등급판정〉

껍질 뜬 것	결점과 종류	결점과 비율	종합판정 등급 및 이유	
등급: (①)	(②)	(③)%	등급: (④)	이유: (⑤)

※ 이유 답안 예시: △△ 항목이 ○○%로 "○" 등급 기준의 ○○% 이하(미만) 또는 이상(초과)에 해당됨

① 상 ② 경결점과 ③ 4 ④ 상

⑤ 부피과 항목이 껍질 내표면적의 11%로 '가벼움(1)'의 기준인 껍질 내표면적의 20% 이하에 해당되어 「상」이며, 색택 항목은 착색비율 86%로 「특」등급 기준인 85% 이상에 해당되고, 경결점과 항목은 4%로 「특」등급 기준인 5% 이내에 해당되어 부피과 「상」, 색택 「특」, 경결점과 「특」이므로 종합판정은 「상」으로 판정함

① 부피과 항목이 껍질 내표면적의 11%이므로 가벼움(1)의 기준인 껍질 내표면적의 20% 이하에 해당됨
③ 경결점과 항목은 4%이므로 「특」에 해당됨

농산물 표준규격 [시행 2020. 10. 14.] [국립농산물품질관리원고시 제2020-16호, 2020. 10. 14., 일부개정]

농산물 표준규격
감 귤

[규격번호: 1051]

Ⅰ. 적용 범위

본 규격은 국내에서 생산되어 신선한 상태로 유통되는 감귤에 적용하며, 가공용 또는 수출용에는 적용하지 않는다.

Ⅱ. 등급 규격

항목 \ 등급	특	상	보통
① 낱개의 고르기	별도로 정하는 크기 구분표 [표 1]에서 무게 또는 지름이 다른 것이 5%이하인 것. 단, 크기 구분표의 해당 크기(무게)에서 1단계를 초과 할 수 없다.	별도로 정하는 크기 구분표 [표 1]에서 무게 또는 지름이 다른 것이 10% 이하인 것. 단, 크기 구분표의 해당 무게에서 1단계를 초과 할 수 없다.	특·상에 미달하는 것
② 색택	별도로 정하는 품종별/등급별 착색비율[표 2]에서 정하는 "특" 이외의 것이 섞이지 않은 것	별도로 정하는 품종별/등급별 착색비율 [표 2]에서 정하는 "상"에 미달하는 것이 없는 것	별도로 정하는 품종별/등급별 착색비율 [표 2]에서 정하는 "보통"에 미달하는 것이 없는 것
③ 과피	품종 고유의 과피로써, 수축현상이 나타나지 않은 것	품종 고유의 과피로써, 수축현상이 나타나지 않은 것	특·상에 미달하는 것
④ 껍질뜬 것 (부피과)	별도로 정하는 껍질 뜬 정도 [그림 1]에서 정하는 "없음(○)"에 해당하는 것	별도로 정하는 껍질 뜬 정도 [그림 1]에서 정하는 "가벼움(1)" 이상에 해당하는 것	별도로 정하는 껍질 뜬 정도 [그림 1]에서 정하는 "중간정도(2)" 이상에 해당하는 것
⑤ 중결점과	없는 것	없는 것	5% 이하인 것(부패·변질과는 포함할 수 없음)
⑥ 경결점과	5% 이내인 것	10% 이하인 것	20% 이하인 것

[표 1] 크기 구분-1(한라봉, 청견, 진지향 및 이와 유사한 품종)

품종 \ 호칭		2L	L	M	S	2S
1개의 무게(g)	한라봉, 천혜향 및 이와 유사한 품종	370 이상	300 이상 ~ 370 미만	230 이상 ~ 300 미만	150 이상 ~ 230 미만	150 미만
	청견, 황금향 및 이와 유사한 품종	330 이상	270 이상 ~ 330 미만	210 이상 ~ 270 미만	150 이상 ~ 210 미만	150 미만
	진지향 및 이와 유사한 품종	125 이상 ~ 165 미만	100 이상 ~ 125 미만	85 이상 ~ 100 미만	70 이상 ~ 85 미만	70 미만

[표 1] 크기 구분-2(온주밀감 및 이와 유사한 품종)

구분 \ 호칭	2S	S	M	L	2L
1개의 지름(mm)	49~53	54~58	59~62	63~66	67~70
1개의 무게(g)	53~62	63~82	83~106	107~123	124~135

※ 드럼식 선과기는 지름, 중량식 선과기는 무게를 적용하고, 호칭 숫자 뒤의 명칭은 유통현실에 따를 수 있음

[표 2] 품종별/등급별 착색 비율(%)

품종 \ 등급		특	상	보통
온주밀감	5~10월 출하	70 이상	60 이상	50 이상
	11~4월 출하	85 이상	80 이상	70 이상
한라봉, 천혜향, 청견, 황금향 진지향 및 이와 유사한 품종		95 이상	90 이상	90 이상

[그림 1] 껍질 뜬 정도

없음(○)	가벼움(1)	중간정도(2)	심함(3)
껍질이 뜨지 않은 것	껍질 내표면적의 20%이하가 뜬 것	껍질 내표면적의 20~50%가 뜬 것	껍질 내표면적의 50%이상이 뜬 것

용어의 정의

① 착색비율은 낱개별로 전체 면적에 대한 품종고유의 색깔이 착색된 면적의 비율을 말한다.
② 중결점과는 다음의 것을 말한다.
　㉠ 이품종과: 품종이 다른 것, 숙기(조생종, 중생종, 만생종)가 다른 것
　㉡ 부패, 변질과: 과육이 부패 또는 변질된 것(과숙에 의해 육질이 변질된 것을 포함한다)
　㉢ 미숙과: 당도, 색택으로 보아 성숙이 현저하게 덜된 것(덜익은 과일을 수확하여 아세틸렌, 에틸렌 등의 가스로 후숙한 것을 포함한다.)
　㉣ 일소과: 지름 또는 길이 10mm 이상의 일소 피해가 있는 것

　　　　ⓜ 병충해과: 더뎅이병, 궤양병, 검은점무늬병, 곰팡이병, 깍지벌레, 으름나방 등 병해충의 피해가 있는 것

　　　　ⓗ 상해과: 열상, 자상 또는 압상이 있는 것. 다만, 경미한 것은 제외한다.

　　　　ⓢ 모양: 모양이 심히 불량한 것, 꼭지가 떨어진 것

　　　　ⓞ 경결점과에 속하는 사항으로 그 피해가 현저한 것

　　③ 경결점과는 다음의 것을 말한다.

　　　　㉠ 품종 고유의 모양이 아닌 것

　　　　㉡ 경미한 일소, 약해 등으로 외관이 떨어지는 것

　　　　㉢ 병해충의 피해가 과피에 그친 것

　　　　㉣ 경미한 찰상 등 중결점과에 속하지 않는 상처가 있는 것

　　　　㉤ 꼭지가 퇴색된 것

　　　　㉥ 기타 결점의 정도가 경미한 것

19 국립농산물품질관리원 소속 공무원 A씨는 도매시장에 농산물 표준규격품 사후관리를 위한 출장 시 표준규격품으로 출하된 고구마(15kg) 1상자를 전량 계측한 결과, 출하사에게 표준규격품 등급 표시위반으로 행정처분하였다. 계측 결과에 따라 낱개의 고르기 등급과 비율, 결점의 종류와 비율을 쓰시오. (단, 비율은 소수점 첫째자리까지 구함) [7점]

1상자 무게(g) 분포	결점과
• 100~120g 범위: 22개 • 121~130g 범위: 58개 • 131~149g 범위: 19개 • 150~159g 범위: 21개	• 검은무늬병이 외피에 발생한 것: 10개

낱개의 고르기		결점의 종류	결점 비율
등급: (①)	비율: (②)%	(③)	(④)%

정답 ① 상 ② 17.5 ③ 경결점 ④ 8.3

해설 농산물 표준규격 [시행 2020. 10. 14.] [국립농산물품질관리원고시 제2020-16호, 2020. 10. 14., 일부개정]

농산물 표준규격
고구마

[규격번호: 4021]

Ⅰ. 적용 범위

　본 규격은 국내에서 생산되어 신선한 상태로 유통되는 고구마에 적용하며, 가공용 또는 수출용에는 적용하지 않는다.

II. 등급 규격

항목 \ 등급	특	상	보통
① 낱개의 고르기	별도로 정하는 크기 구분 표 [표 1]에서 무게가 다른 것이 10% 이하인 것	별도로 정하는 크기 구분 표 [표 1]에서 무게가 다른 것이 20% 이하인 것	특·상에 미달하는 것
② 손질	흙, 줄기 등 이물질 제거 정도가 뛰어나고 표면이 적당하게 건조된 것	흙, 줄기 등 이물질 제거정 도가 양호하고 표면이 적 당하게 건조된 것	흙, 줄기 등 이물질을 제거 하고 표면이 적당하게 건 조된 것
③ 중결점	없는 것	없는 것	5% 이하인 것(부패·변질 된 것은 포함할 수 없음)
④ 경결점	5% 이하인 것	10% 이하인 것	20% 이하인 것

[표 1] 크기 구분

구분 \ 호칭	2L	L	M	S
1개의 무게(g)	250 이상	150 이상 ~ 250 미만	100 이상 ~ 150 미만	40 이상 ~ 100 미만

※ 호칭과 병행하여 장폭비(길이÷두께)가 3.0이하인 것이 80%이상은 "둥근형", 3.1이상인 것이 80% 이상은 "긴형"의 형태를 표기할 수 있다.

용어의 정의

① 중결점은 다음의 것을 말한다.
  ㉠ 이품종: 품종이 다른 것
  ㉡ 부패, 변질: 고구마가 부패 또는 변질된 것
  ㉢ 병충해: 검은무늬병, 검은점박이병, 근부병, 굼벵이 등의 피해가 육질까지 미친 것
  ㉣ 자상, 찰상 등 상처가 심한 것
② 경결점은 다음의 것을 말한다.
  ㉠ 품종 고유의 모양이 아닌 것
  ㉡ 병충해가 외피에 그친 것
  ㉢ 상해 및 기타 결점의 정도가 경미한 것

20 한라봉(1과 무게 375g) 100과를 선별하여 농산물 표준규격품(상자당 7.5kg, 20과들이)으로 출하하고자 한다. 이 농가의 최대 수익차원(정상과와 결점과는 반드시 혼합구성)에서의 한라봉 출하 상자를 구성하시오. (단, 주어진 항목 이외에는 등급판정을 고려하지 않으며, 동일 등급 상자의 구성 내용은 모두 같음) [8점]

정상과	A형	• 결점과 없는 것: 85과
결점과	B형	• 꼭지가 떨어진 것과 깍지벌레 피해가 있는 것: 2과
	C형	• 품종 고유의 모양이 아닌 것과 꼭지가 퇴색된 것: 13과

등급	최대 상자수	1상자 구성 내용
특	1상자	(①)
상	(②)상자	(③)
보통	(④)상자	(⑤)

※ 구성 내용 예시: A형 ○○과 + B형 ○○과 + C형 ○○과

정답 ① A형 19과 + C형 1과 ② 2 ③ A형 18과 + C형 2과
④ 2 ⑤ A형 15과 + B형 1과 + C형 4과

해설 「특」과 「상」은 B형이 없어야 하고 「보통」은 B형 1과, C형 4과를 초과할 수 없다.

농산물 표준규격 [시행 2020. 10. 14.] [국립농산물품질관리원고시 제2020-16호, 2020. 10. 14., 일부개정]

농산물 표준규격
감 귤

[규격번호: 1051]

I. 적용 범위

본 규격은 국내에서 생산되어 신선한 상태로 유통되는 감귤에 적용하며, 가공용 또는 수출용에는 적용하지 않는다.

II. 등급 규격

항목 \ 등급	특	상	보통
① 낱개의 고르기	별도로 정하는 크기 구분표 [표 1]에서 무게 또는 지름이 다른 것이 5% 이하인 것. 단, 크기 구분표의 해당 크기(무게)에서 1단계를 초과 할 수 없다.	별도로 정하는 크기 구분표 [표 1]에서 무게 또는 지름이 다른 것이 10% 이하인 것. 단, 크기 구분표의 해당 무게에서 1단계를 초과 할 수 없다.	특·상에 미달하는 것

항목 \ 등급	특	상	보통
② 색택	별도로 정하는 품종별/등급별 착색비율[표 2]에서 정하는 "특" 이외의 것이 섞이지 않은 것	별도로 정하는 품종별/등급별 착색비율 [표 2]에서 정하는 "상"에 미달하는 것이 없는 것	별도로 정하는 품종별/등급별 착색비율 [표 2]에서 정하는 "보통"에 미달하는 것이 없는 것
③ 과피	품종 고유의 과피로써, 수축현상이 나타나지 않은 것	품종 고유의 과피로써, 수축현상이 나타나지 않은 것	특·상에 미달하는 것
④ 껍질뜬 것 (부피과)	별도로 정하는 껍질 뜬 정도 [그림 1]에서 정하는 "없음(○)"에 해당하는 것	별도로 정하는 껍질 뜬 정도 [그림 1]에서 정하는 "가벼움(1)" 이상에 해당하는 것	별도로 정하는 껍질 뜬 정도 [그림 1]에서 정하는 "중간정도(2)" 이상에 해당하는 것
⑤ 중결점과	없는 것	없는 것	5% 이하인 것(부패·변질과는 포함할 수 없음)
⑥ 경결점과	5% 이내인 것	10% 이하인 것	20% 이하인 것

[표 1] 크기 구분-1(한라봉, 청견, 진지향 및 이와 유사한 품종)

품종 \ 호칭		2L	L	M	S	2S
1개의 무게(g)	한라봉, 천혜향 및 이와 유사한 품종	370 이상	300 이상 ~ 370 미만	230 이상 ~ 300 미만	150 이상 ~ 230 미만	150 미만
	청견, 황금향 및 이와 유사한 품종	330 이상	270 이상 ~ 330 미만	210 이상 ~ 270 미만	150 이상 ~ 210 미만	150 미만
	진지향 및 이와 유사한 품종	125 이상 ~ 165 미만	100 이상 ~ 125 미만	85 이상 ~ 100 미만	70 이상 ~ 85 미만	70 미만

[표 1] 크기 구분-2(온주밀감 및 이와 유사한 품종)

구분 \ 호칭	2S	S	M	L	2L
1개의 지름(mm)	49~53	54~58	59~62	63~66	67~70
1개의 무게(g)	53~62	63~82	83~106	107~123	124~135

※ 드럼식 선과기는 지름, 중량식 선과기는 무게를 적용하고, 호칭 숫자 뒤의 명칭은 유통현실에 따를 수 있음

[표 2] 품종별/등급별 착색 비율(%)

품종 \ 등급		특	상	보통
온주밀감	5~10월 출하	70 이상	60 이상	50 이상
	11~4월 출하	85 이상	80 이상	70 이상
한라봉, 천혜향, 청견, 황금향 진지향 및 이와 유사한 품종		95 이상	90 이상	90 이상

[그림 1] 껍질 뜬 정도

없음(○)	가벼움(1)	중간정도(2)	심함(3)
껍질이 뜨지 않은 것	껍질 내표면적의 20% 이하가 뜬 것	껍질 내표면적의 20~50%가 뜬 것	껍질 내표면적의 50% 이상이 뜬 것

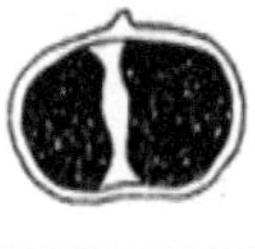

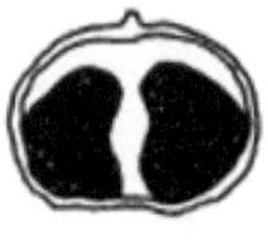

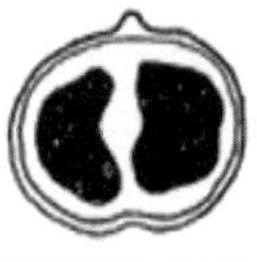

용어의 정의

① 착색비율은 낱개별로 전체 면적에 대한 품종고유의 색깔이 착색된 면적의 비율을 말한다.

② 중결점과는 다음의 것을 말한다.

　㉠ 이품종과: 품이 다른 것, 숙기(조생종, 중생종, 만생종)가 다른 것

　㉡ 부패, 변질과: 과육이 부패 또는 변질된 것(과숙에 의해 육질이 변질된 것을 포함한다)

　㉢ 미숙과: 당도, 색택으로 보아 성숙이 현저하게 덜된 것(덜익은 과일을 수확하여 아세틸렌, 에틸렌 등의 가스로 후숙한 것을 포함한다.)

　㉣ 일소과: 지름 또는 길이 10mm 이상의 일소 피해가 있는 것

　㉤ 병충해과: 더뎅이병, 궤양병, 검은점무늬병, 곰팡이병, 깍지벌레, 으름나방 등 병해충의 피해가 있는 것

　㉥ 상해과: 열상, 자상 또는 압상이 있는 것. 다만, 경미한 것은 제외한다.

　㉦ 모양: 모양이 심히 불량한 것, 꼭지가 떨어진 것

　㉧ 경결점과에 속하는 사항으로 그 피해가 현저한 것

③ 경결점과는 다음의 것을 말한다.

　㉠ 품종 고유의 모양이 아닌 것

　㉡ 경미한 일소, 약해 등으로 외관이 떨어지는 것

　㉢ 병해충의 피해가 과피에 그친 것

　㉣ 경미한 찰상 등 중결점과에 속하지 않는 상처가 있는 것

　㉤ 꼭지가 퇴색된 것

　㉥ 기타 결점의 정도가 경미한 것

※ 단답형 문제에 대해 답하시오. (1~10번 문제)

01 다음은 농수산물 품질관리법령상 농산물우수관리인증에 관한 내용이다. ①~③ 중 틀린 내용의 번호와 틀린 부분을 옳게 수정하시오. (수정 예: ① ○○○ → □□□) [3점]

> ① 농산물우수관리인증기관은 인증의 유효기간이 끝나기 3개월 전까지 신청인에게 갱신 절차와 갱신신청 기간을 미리 알려야 한다.
> ② 농산물우수관리기준에 따라 농산물을 생산·관리하는 자는 국립농산물품질관리원으로 부터 인증을 받을 수 있다.
> ③ 농산물우수관리인증품이 아닌 농산물에 농산물우수관리인증품의 표시를 하거나 이와 비슷한 표시를 한 자는 1년 이하의 징역 또는 1천만 원 이하의 벌금에 처한다.

정답 ① 3개월 전까지 → 2개월 전까지
② 국립농산물품질관리원 → 농산물우수관리인증기관
③ 1년 이하의 징역 또는 1천만 원 이하의 벌금 → 3년 이하의 징역 또는 3천만 원 이하의 벌금

해설 농수산물 품질관리법 [시행 2022. 6. 22.]
제6조(농산물우수관리의 인증)
① 농림축산식품부장관은 농산물우수관리의 기준(이하 "우수관리기준"이라 한다)을 정하여 고시하여야 한다. 〈개정 2013. 3. 23.〉
② 우수관리기준에 따라 농산물(축산물은 제외한다. 이하 이 절에서 같다)을 생산·관리하는 자 또는 우 수관리기준에 따라 생산·관리된 농산물을 포장하여 유통하는 자는 제9조에 따라 지정된 농산물우수 관리인증기관(이하 "우수관리인증기관"이라 한다)으로부터 농산물우수관리의 인증(이하 "우수관리인 증"이라 한다)을 받을 수 있다.
③ 우수관리인증을 받으려는 자는 우수관리인증기관에 우수관리인증의 신청을 하여야 한다. 다만, 다음 각 호의 어느 하나에 해당하는 자는 우수관리인증을 신청할 수 없다.
  1. 제8조제1항에 따라 우수관리인증이 취소된 후 1년이 지나지 아니한 자
  2. 제119조 또는 제120조를 위반하여 벌금 이상의 형이 확정된 후 1년이 지나지 아니한 자
④ 우수관리인증기관은 제3항에 따라 우수관리인증 신청을 받은 경우 제7항에 따른 우수관리인증의 기 준에 맞는지를 심사하여 그 결과를 알려야 한다.
⑤ 우수관리인증기관은 제4항에 따라 우수관리인증을 한 경우 우수관리인증을 받은 자가 우수관리기준 을 지키는지 조사·점검하여야 하며, 필요한 경우에는 자료제출 요청 등을 할 수 있다.
⑥ 우수관리인증을 받은 자는 우수관리기준에 따라 생산·관리한 농산물(이하 "우수관리인증농산물"이라 한다)의 포장·용기·송장(送狀)·거래명세표·간판·차량 등에 우수관리인증의 표시를 할 수 있다.

⑦ 우수관리인증의 기준·대상품목·절차 및 표시방법 등 우수관리인증에 필요한 세부사항은 농림축산식품부령으로 정한다. 〈개정 2013. 3. 23.〉

농수산물 품질관리법 [시행 2022. 6. 22.]

제7조(우수관리인증의 유효기간 등)

① 우수관리인증의 유효기간은 우수관리인증을 받은 날부터 2년으로 한다. 다만, 품목의 특성에 따라 달리 적용할 필요가 있는 경우에는 10년의 범위에서 농림축산식품부령으로 유효기간을 달리 정할 수 있다. 〈개정 2013. 3. 23.〉

② 우수관리인증을 받은 자가 유효기간이 끝난 후에도 계속하여 우수관리인증을 유지하려는 경우에는 그 유효기간이 끝나기 전에 해당 우수관리인증기관의 심사를 받아 우수관리인증을 갱신하여야 한다.

③ 우수관리인증을 받은 자는 제1항의 유효기간 내에 해당 품목의 출하가 종료되지 아니할 경우에는 해당 우수관리인증기관의 심사를 받아 우수관리인증의 유효기간을 연장할 수 있다.

④ 제1항에 따른 우수관리인증의 유효기간이 끝나기 전에 생산계획 등 농림축산식품부령으로 정하는 중요 사항을 변경하려는 자는 미리 우수관리인증의 변경을 신청하여 해당 우수관리인증기관의 승인을 받아야 한다. 〈개정 2013. 3. 23.〉

⑤ 우수관리인증의 갱신절차 및 유효기간 연장의 절차 등에 필요한 세부적인 사항은 농림축산식품부령으로 징한다. 〈개징 2013. 3. 23.〉

농수산물 품질관리법 [시행 2022. 6. 22.]

제119조(벌칙)

다음 각 호의 어느 하나에 해당하는 자는 3년 이하의 징역 또는 3천만 원 이하의 벌금에 처한다. 〈개정 2012. 6. 1., 2014. 3. 24., 2015. 3. 27., 2017. 11. 28., 2019. 8. 27.〉

1. 제29조제1항제1호를 위반하여 우수표시품이 아닌 농수산물(우수관리인증농산물이 아닌 농산물의 경우에는 제7조제4항에 따른 승인을 받지 아니한 농산물을 포함한다) 또는 농수산가공품에 우수표시품의 표시를 하거나 이와 비슷한 표시를 한 자

1의2. 제29조제1항제2호를 위반하여 우수표시품이 아닌 농수산물(우수관리인증농산물이 아닌 농산물의 경우에는 제7조제4항에 따른 승인을 받지 아니한 농산물을 포함한다) 또는 농수산가공품을 우수표시품으로 광고하거나 우수표시품으로 잘못 인식할 수 있도록 광고한 자

2. 제29조제2항을 위반하여 다음 각 목의 어느 하나에 해당하는 행위를 한 자

　가. 제5조제2항에 따라 표준규격품의 표시를 한 농수산물에 표준규격품이 아닌 농수산물 또는 농수산가공품을 혼합하여 판매하거나 혼합하여 판매할 목적으로 보관하거나 진열하는 행위

　나. 제6조제6항에 따라 우수관리인증의 표시를 한 농산물에 우수관리인증농산물이 아닌 농산물(제7조제4항에 따른 승인을 받지 아니한 농산물을 포함한다) 또는 농산가공품을 혼합하여 판매하거나 혼합하여 판매할 목적으로 보관하거나 진열하는 행위

　다. 제14조제3항에 따라 품질인증품의 표시를 한 수산물에 품질인증품이 아닌 수산물을 혼합하여 판매하거나 혼합하여 판매할 목적으로 보관 또는 진열하는 행위

　라. 삭제 〈2012. 6. 1.〉

　마. 제24조제6항에 따라 이력추적관리의 표시를 한 농산물에 이력추적관리의 등록을 하지 아니한 농산물 또는 농산가공품을 혼합하여 판매하거나 혼합하여 판매할 목적으로 보관하거나 진열하는 행위

3. 제38조제1항을 위반하여 지리적표시품이 아닌 농수산물 또는 농수산가공품의 포장·용기·선전물 및 관련 서류에 지리적표시나 이와 비슷한 표시를 한 자

4. 제38조제2항을 위반하여 지리적표시품에 지리적표시품이 아닌 농수산물 또는 농수산가공품을 혼합하여 판매하거나 혼합하여 판매할 목적으로 보관 또는 진열한 자

5. 제73조제1항제1호 또는 제2호를 위반하여 「해양환경관리법」 제2조제4호에 따른 폐기물, 같은 조 제7호에 따른 유해액체물질 또는 같은 조 제8호에 따른 포장유해물질을 배출한 자

6. 제101조제1호를 위반하여 거짓이나 그 밖의 부정한 방법으로 제79조에 따른 농산물의 검사, 제85조에 따른 농산물의 재검사, 제88조에 따른 수산물 및 수산가공품의 검사, 제96조에 따른 수산물 및 수산가공품의 재검사 및 제98조에 따른 검정을 받은 자

7. 제101조제2호를 위반하여 검사를 받아야 하는 수산물 및 수산가공품에 대하여 검사를 받지 아니한 자

8. 제101조제3호를 위반하여 검사 및 검정 결과의 표시, 검사증명서 및 검정증명서를 위조하거나 변조한 자

9. 제101조제5호를 위반하여 검정 결과에 대하여 거짓광고나 과대광고를 한 자

농수산물 품질관리법 시행규칙 [시행 2023. 2. 28.]
제15조(우수관리인증의 갱신)

① 우수관리인증을 받은 자가 법 제7조제2항에 따라 우수관리인증을 갱신하려는 경우에는 별지 제1호서식의 농산물우수관리인증 (신규·갱신)신청서에 제10조제1항 각 호의 서류 중 변경사항이 있는 서류를 첨부하여 그 유효기간이 끝나기 1개월 전까지 우수관리인증기관에 제출하여야 한다. 〈개정 2018. 5. 3.〉

② 우수관리인증의 갱신에 필요한 세부적인 절차 및 방법에 대해서는 제11조제1항부터 제5항까지 및 제7항을 준용한다.

③ 우수관리인증기관은 유효기간이 끝나기 2개월 전까지 신청인에게 갱신절차와 갱신신청 기간을 미리 알려야 한다. 이 경우 통지는 휴대전화 문자메시지, 전자우편, 팩스, 전화 또는 문서 등으로 할 수 있다. 〈개정 2018. 5. 3.〉

농수산물 품질관리법 시행규칙 [시행 2023. 2. 28.]
제16조(우수관리인증의 유효기간 연장)

① 우수관리인증을 받은 자가 법 제7조제3항에 따라 우수관리인증의 유효기간을 연장하려는 경우에는 별지 제4호서식의 농산물우수관리인증 유효기간 연장신청서를 그 유효기간이 끝나기 1개월 전까지 우수관리인증기관에 제출하여야 한다. 〈개정 2018. 5. 3.〉

② 우수관리인증기관은 제1항에 따른 농산물우수관리인증 유효기간 연장신청서를 검토하여 유효기간 연장이 필요하다고 판단되는 경우에는 해당 우수관리인증농산물의 출하에 필요한 기간을 정하여 유효기간을 연장하고 별지 제2호서식의 농산물우수관리 인증서를 재발급하여야 한다. 이 경우 유효기간 연장기간은 법 제7조제1항에 따른 우수관리인증의 유효기간을 초과할 수 없다. 〈개정 2018. 5. 3.〉

③ 우수관리인증의 유효기간 연장에 대한 심사 절차 및 방법 등에 대해서는 제11조제1항부터 제5항까지 및 제7항을 준용한다.

02 다음은 농수산물의 원산지 표시에 관한 법률상 농산물의 원산지를 거짓으로 표시하여 적발된 경우에 대한 벌칙 및 처분기준이다. ( )에 알맞은 내용을 쓰시오. [5점]

- 벌칙: 7년 이하의 징역이나 (①)원 이하의 벌금
- 과징금: 최근 (②)년간 2회 이상 원산지를 거짓표시한 자에게 그 위반금액의 5배 이하에 해당하는 금액을 과징금으로 부과·징수
- 위반업체 공표: 국립농산물품질관리원, 한국소비자원, 인터넷정보 제공 사업자 등의 홈페이지에 처분이 확정된 날부터 (③)개월간 공표

정답 ① 1억 ② 2 ③ 12

해설 농수산물의 원산지 표시 등에 관한 법률 [시행 2022. 1. 1.]

제6조(거짓 표시 등의 금지)

① 누구든지 다음 각 호의 행위를 하여서는 아니 된다.
　1. 원산지 표시를 거짓으로 하거나 이를 혼동하게 할 우려가 있는 표시를 하는 행위
　2. 원산지 표시를 혼동하게 할 목적으로 그 표시를 손상·변경하는 행위
　3. 원산지를 위장하여 판매하거나, 원산지 표시를 한 농수산물이나 그 가공품에 다른 농수산물이나 가공품을 혼합하여 판매하거나 판매할 목적으로 보관이나 진열하는 행위

② 농수산물이나 그 가공품을 조리하여 판매·제공하는 자는 다음 각 호의 행위를 하여서는 아니 된다.
　1. 원산지 표시를 거짓으로 하거나 이를 혼동하게 할 우려가 있는 표시를 하는 행위
　2. 원산지를 위장하여 조리·판매·제공하거나, 조리하여 판매·제공할 목적으로 농수산물이나 그 가공품의 원산지 표시를 손상·변경하여 보관·진열하는 행위
　3. 원산지 표시를 한 농수산물이나 그 가공품에 원산지가 다른 동일 농수산물이나 그 가공품을 혼합하여 조리·판매·제공하는 행위

③ 제1항이나 제2항을 위반하여 원산지를 혼동하게 할 우려가 있는 표시 및 위장판매의 범위 등 필요한 사항은 농림축산식품부와 해양수산부의 공동 부령으로 정한다. 〈개정 2013. 3. 23.〉

④ 「유통산업발전법」 제2조제3호에 따른 대규모점포를 개설한 자는 임대의 형태로 운영되는 점포(이하 "임대점포"라 한다)의 임차인 등 운영자가 제1항 각 호 또는 제2항 각 호의 어느 하나에 해당하는 행위를 하도록 방치하여서는 아니 된다. 〈신설 2011. 7. 25.〉

⑤ 「방송법」 제9조제5항에 따른 승인을 받고 상품소개와 판매에 관한 전문편성을 행하는 방송채널사용사업자는 해당 방송채널 등에 물건 판매중개를 의뢰하는 자가 제1항 각 호 또는 제2항 각 호의 어느 하나에 해당하는 행위를 하도록 방치하여서는 아니 된다. 〈신설 2016. 12. 2.〉

농수산물의 원산지 표시 등에 관한 법률 [시행 2022. 1. 1.]

제6조의2(과징금)

① 농림축산식품부장관, 해양수산부장관, 관세청장, 특별시장·광역시장·특별자치시장·도지사·특별자치도지사(이하 "시·도지사"라 한다) 또는 시장·군수·구청장(자치구의 구청장을 말한다. 이하 같다)은 제6조제1항 또는 제2항을 2년 이내에 2회 이상 위반한 자에게 그 위반금액의 5배 이하에 해당하는 금액을 과징금으로 부과·징수할 수 있다. 이 경우 제6조제1항을 위반한 횟수와 같은 조 제2항을 위반한 횟수는 합산한다. 〈개정 2016. 5. 29., 2017. 10. 13., 2020. 5. 26.〉

② 제1항에 따른 위반금액은 제6조제1항 또는 제2항을 위반한 농수산물이나 그 가공품의 판매금액으로서 각 위반행위별 판매금액을 모두 더한 금액을 말한다. 다만, 통관단계의 위반금액은 제6조제1항을 위반한 농수산물이나 그 가공품의 수입 신고 금액으로서 각 위반행위별 수입 신고 금액을 모두 더한 금액을 말한다. 〈개정 2017. 10. 13.〉

③ 제1항에 따른 과징금 부과·징수의 세부기준, 절차, 그 밖에 필요한 사항은 대통령령으로 정한다.

④ 농림축산식품부장관, 해양수산부장관, 관세청장, 시·도지사 또는 시장·군수·구청장은 제1항에 따른 과징금을 내야 하는 자가 납부기한까지 내지 아니하면 국세 또는 지방세 체납처분의 예에 따라 징수한다. 〈개정 2017. 10. 13., 2020. 5. 26.〉

[본조신설 2014. 6. 3.]

농수산물의 원산지 표시 등에 관한 법률 시행령 [시행 2023. 2. 28.]

제7조(원산지 표시 등의 위반에 대한 처분 및 공표)

① 법 제9조제1항에 따른 처분은 다음 각 호의 구분에 따라 한다.

　　1. 법 제5조제1항을 위반한 경우: 표시의 이행명령 또는 거래행위 금지

　　2. 법 제5조제3항을 위반한 경우: 표시의 이행명령

　　3. 법 제6조를 위반한 경우: 표시의 이행·변경·삭제 등 시정명령 또는 거래행위 금지

② 법 제9조제2항에 따른 홈페이지 공표의 기준·방법은 다음 각 호와 같다. 〈신설 2012. 1. 25., 2013. 3. 23., 2016. 11. 15., 2017. 5. 29., 2018. 12. 11.〉

　　1. 공표기간: 처분이 확정된 날부터 12개월

　　2. 공표방법

　　　가. 농림축산식품부, 해양수산부, 관세청, 국립농산물품질관리원, 국립수산물품질관리원, 특별시·광역시·특별자치시·도·특별자치도(이하 "시·도"라 한다), 시·군·구(자치구를 말한다. 이하 같다) 및 한국소비자원의 홈페이지에 공표하는 경우: 이용자가 해당 기관의 인터넷 홈페이지 첫 화면에서 볼 수 있도록 공표

　　　나. 주요 인터넷 정보제공 사업자의 홈페이지에 공표하는 경우: 이용자가 해당 사업자의 인터넷 홈페이지 화면 검색창에 "원산지"가 포함된 검색어를 입력하면 볼 수 있도록 공표

③ 법 제9조제3항제5호에서 "대통령령으로 정하는 사항"이란 다음 각 호의 사항을 말한다. 〈개정 2012. 1. 25., 2013. 3. 23., 2016. 11. 15., 2021. 12. 31.〉

　　1. 「농수산물의 원산지 표시 등에 관한 법률」 위반 사실의 공표"라는 내용의 표제

　　2. 영업의 종류

　　3. 영업소의 주소(「유통산업발전법」 제2조제3호에 따른 대규모점포에 입점·판매한 경우 그 대규모점포의 명칭 및 주소를 포함한다)

　　4. 농수산물 가공품의 명칭

　　5. 위반 내용

　　6. 처분권자 및 처분일

　　7. 법 제9조제1항에 따른 처분을 받은 자가 입점하여 판매한 「방송법」 제9조제5항에 따른 방송채널사용사업자의 채널명 또는 「전자상거래 등에서의 소비자보호에 관한 법률」 제20조에 따른 통신판매중개업자의 홈페이지 주소

④ 법 제9조제4항제4호에서 "대통령령으로 정하는 국가검역·검사기관"이란 국립수산물품질관리원을 말한다. 〈신설 2016. 11. 15.〉

⑤ 법 제9조제4항제7호에서 "대통령령으로 정하는 주요 인터넷 정보제공 사업자"란 포털서비스(다른 인터넷주소·정보 등의 검색과 전자우편·커뮤니티 등을 제공하는 서비스를 말한다)를 제공하는 자로서 공표일이 속하는 연도의 전년도 말 기준 직전 3개월간의 일일평균 이용자수가 1천만 명 이상인 정보통신서비스 제공자를 말한다. 〈신설 2012. 1. 25., 2015. 6. 1., 2016. 11. 15.〉

농수산물의 원산지 표시 등에 관한 법률 [시행 2022. 1. 1.]

제9조(원산지 표시 등의 위반에 대한 처분 등)

① 농림축산식품부장관, 해양수산부장관, 관세청장, 시·도지사 또는 시장·군수·구청장은 제5조나 제6조를 위반한 자에 대하여 다음 각 호의 처분을 할 수 있다. 다만, 제5조제3항을 위반한 자에 대한 처분은 제1호에 한정한다. 〈개정 2013. 3. 23., 2016. 12. 2., 2017. 10. 13., 2020. 5. 26.〉

    1. 표시의 이행·변경·삭제 등 시정명령

    2. 위반 농수산물이나 그 가공품의 판매 등 거래행위 금지

② 농림축산식품부장관, 해양수산부장관, 관세청장, 시·도지사 또는 시장·군수·구청장은 다음 각 호의 자가 제5조를 위반하여 2년 이내에 2회 이상 원산지를 표시하지 아니하거나, 제6조를 위반함에 따라 제1항에 따른 처분이 확정된 경우 처분과 관련된 사항을 공표하여야 한다. 다만, 농림축산식품부장관이나 해양수산부장관이 심의회의 심의를 거쳐 공표의 실효성이 없다고 인정하는 경우에는 처분과 관련된 사항을 공표하지 아니할 수 있다. 〈개정 2011. 7. 25., 2013. 3. 23., 2016. 5. 29., 2017. 10. 13., 2020. 5. 26.〉

    1. 제5조제1항에 따라 원산지의 표시를 하도록 한 농수산물이나 그 가공품을 생산·가공하여 출하하거나 판매 또는 판매할 목적으로 가공하는 자

    2. 제5조제3항에 따라 음식물을 조리하여 판매·제공하는 자

③ 제2항에 따라 공표를 하여야 하는 사항은 다음 각 호와 같다. 〈개정 2016. 5. 29.〉

    1. 제1항에 따른 처분 내용

    2. 해당 영업소의 명칭

    3. 농수산물의 명칭

    4. 제1항에 따른 처분을 받은 자가 입점하여 판매한 「방송법」 제9조제5항에 따른 방송채널사용업자 또는 「전자상거래 등에서의 소비자보호에 관한 법률」 제20조에 따른 통신판매중개업자의 명칭

    5. 그 밖에 처분과 관련된 사항으로서 대통령령으로 정하는 사항

④ 제2항의 공표는 다음 각 호의 자의 홈페이지에 공표한다. 〈신설 2016. 5. 29., 2017. 10. 13.〉

    1. 농림축산식품부

    2. 해양수산부

    2의2. 관세청

    3. 국립농산물품질관리원

    4. 대통령령으로 정하는 국가검역·검사기관

    5. 특별시·광역시·특별자치시·도·특별자치도, 시·군·구(자치구를 말한다)

    6. 한국소비자원

    7. 그 밖에 대통령령으로 정하는 주요 인터넷 정보제공 사업자

⑤ 제1항에 따른 처분과 제2항에 따른 공표의 기준·방법 등에 관하여 필요한 사항은 대통령령으로 정한다. 〈신설 2016. 5. 29.〉

농수산물의 원산지 표시 등에 관한 법률 [시행 2022. 1. 1.]

제14조(벌칙)

① 제6조제1항 또는 제2항을 위반한 자는 7년 이하의 징역이나 1억 원 이하의 벌금에 처하거나 이를 병과(倂科)할 수 있다. 〈개정 2016. 12. 2.〉

② 제1항의 죄로 형을 선고받고 그 형이 확정된 후 5년 이내에 다시 제6조제1항 또는 제2항을 위반한 자는 1년 이상 10년 이하의 징역 또는 500만 원 이상 1억5천만 원 이하의 벌금에 처하거나 이를 병과할 수 있다. 〈신설 2016. 12. 2.〉

03 농수산물 품질관리법령상 안전성조사에 관한 설명이다. (   )에 알맞은 용어를 쓰시오. [2점]

식품의약품안전처장이나 시·도지사는 농산물의 안전관리를 위하여 농산물에 대하여 다음의 안전성조사를 하여야 한다.
- (①)단계: 총리령으로 정하는 안전기준에의 적합 여부
- (②)단계:「식품위생법」등 관계 법령에 따른 유해물질의 잔류허용기준 등의 초과 여부

정답 ① 생산 ② 유통·판매

해설 농수산물 품질관리법 [시행 2022. 6. 22.]

제61조(안전성조사)

① 식품의약품안전처장이나 시·도지사는 농수산물의 안전관리를 위하여 농수산물 또는 농수산물의 생산에 이용·사용하는 농지·어장·용수(用水)·자재 등에 대하여 다음 각 호의 조사(이하 "안전성조사"라 한다)를 하여야 한다. 〈개정 2013. 3. 23.〉
  1. 농산물
     가. 생산단계: 총리령으로 정하는 안전기준에의 적합 여부
     나. 유통·판매 단계:「식품위생법」등 관계 법령에 따른 유해물질의 잔류허용기준 등의 초과 여부
  2. 수산물
     가. 생산단계: 총리령으로 정하는 안전기준에의 적합 여부
     나. 저장단계 및 출하되어 거래되기 이전 단계:「식품위생법」등 관계 법령에 따른 잔류허용기준 등의 초과 여부
② 식품의약품안전처장은 제1항제1호가목 및 제2호가목에 따른 생산단계 안전기준을 정할 때에는 관계 중앙행정기관의 장과 협의하여야 한다. 〈개정 2013. 3. 23.〉
③ 안전성조사의 대상품목 선정, 대상지역 및 절차 등에 필요한 세부적인 사항은 총리령으로 정한다. 〈개정 2013. 3. 23.〉

04

일반음식점 B식당은 2019년 3월 5일에 배추김치의 원산지를 표시하지 않아 과태료 처분을 받은 사실이 있다. B식당이 2020년 7월 5일에 돼지고기의 원산지와 쌀의 원산지를 표시하지 않아 단속 공무원에게 재차 적발되었다면 농수산물의 원산지 표시에 관한 법률상 과태료의 부과기준에 따라 처분될 수 있는 과태료를 쓰시오. (단, 처분기준은 개별기준을 적용하며, 경감사유는 없다.) [4점]

> 과태료: 돼지고기 – (①)만 원, 쌀 – (②)만 원

정답 ① 60 ② 60

해설 농수산물의 원산지 표시 등에 관한 법률 [시행 2022. 1. 1.]

제5조(원산지 표시)

① 대통령령으로 정하는 농수산물 또는 그 가공품을 수입하는 자, 생산·가공하여 출하하거나 판매(통신판매를 포함한다. 이하 같다)하는 자 또는 판매할 목적으로 보관·진열하는 자는 다음 각 호에 대하여 원산지를 표시하여야 한다. 〈개정 2016. 12. 2.〉

　1. 농수산물

　2. 농수산물 가공품(국내에서 가공한 가공품은 제외한다)

　3. 농수산물 가공품(국내에서 가공한 가공품에 한정한다)의 원료

② 다음 각 호의 어느 하나에 해당하는 때에는 제1항에 따라 원산지를 표시한 것으로 본다. 〈개정 2011. 7. 21., 2011. 11. 22., 2015. 6. 22., 2016. 12. 2., 2020. 2. 18.〉

　1. 「농수산물 품질관리법」 제5조 또는 「소금산업 진흥법」 제33조에 따른 표준규격품의 표시를 한 경우

　2. 「농수산물 품질관리법」 제6조에 따른 우수관리인증의 표시, 같은 법 제14조에 따른 품질인증품의 표시 또는 「소금산업 진흥법」 제39조에 따른 우수천일염인증의 표시를 한 경우

　2의2. 「소금산업 진흥법」 제40조에 따른 천일염생산방식인증의 표시를 한 경우

　3. 「소금산업 진흥법」 제41조에 따른 친환경천일염인증의 표시를 한 경우

　4. 「농수산물 품질관리법」 제24조에 따른 이력추적관리의 표시를 한 경우

　5. 「농수산물 품질관리법」 제34조 또는 「소금산업 진흥법」 제38조에 따른 지리적표시를 한 경우

　5의2. 「식품산업진흥법」 제22조의2 또는 「수산식품산업의 육성 및 지원에 관한 법률」 제30조에 따른 원산지인증의 표시를 한 경우

　5의3. 「대외무역법」 제33조에 따라 수출입 농수산물이나 수출입 농수산물 가공품의 원산지를 표시한 경우

　6. 다른 법률에 따라 농수산물의 원산지 또는 농수산물 가공품의 원료의 원산지를 표시한 경우

③ 식품접객업 및 집단급식소 중 대통령령으로 정하는 영업소나 집단급식소를 설치·운영하는 자는 다음 각 호의 어느 하나에 해당하는 경우에 그 농수산물이나 그 가공품의 원료에 대하여 원산지(소고기는 식육의 종류를 포함한다. 이하 같다)를 표시하여야 한다. 다만, 「식품산업진흥법」 제22조의2 또는 「수산식품산업의 육성 및 지원에 관한 법률」 제30조에 따른 원산지인증의 표시를 한 경우에는 원산지를 표시한 것으로 보며, 소고기의 경우에는 식육의 종류를 별도로 표시하여야 한다. 〈개정 2015. 6. 22., 2020. 2. 18., 2021. 4. 13.〉

　1. 대통령령으로 정하는 농수산물이나 그 가공품을 조리하여 판매·제공(배달을 통한 판매·제공을 포함한다)하는 경우

　2. 제1호에 따른 농수산물이나 그 가공품을 조리하여 판매·제공할 목적으로 보관하거나 진열하는 경우

④ 제1항이나 제3항에 따른 표시대상, 표시를 하여야 할 자, 표시기준은 대통령령으로 정하고, 표시방법과 그 밖에 필요한 사항은 농림축산식품부와 해양수산부의 공동 부령으로 정한다. 〈개정 2013. 3. 23.〉

■ 농수산물의 원산지 표시 등에 관한 법률 시행령 [별표 2] 〈개정 2022. 3. 15.〉

과태료의 부과기준(제10조 관련)

1. 일반기준

가. 위반행위의 횟수에 따른 과태료의 가중된 부과기준은 최근 2년간 같은 유형(제2호 각목을 기준으로 구분한다)의 위반행위로 과태료 부과처분을 받은 경우에 적용한다. 이 경우 기간의 계산은 위반행위에 대하여 과태료 부과처분을 받은 날과 그 처분 후 다시 같은 위반행위를 하여 적발된 날을 기준으로 한다.

나. 가목에 따라 가중된 부과처분을 하는 경우 가중처분의 적용 차수는 그 위반행위 전 부과처분 차수(가목에 따른 기간 내에 과태료 부과처분이 둘 이상 있었던 경우에는 높은 차수를 말한다)의 다음 차수로 한다.

다. 부과권자는 다음의 어느 하나에 해당하는 경우에는 제2호의 개별기준에 따른 과태료 금액의 2분의 1 범위에서 그 금액을 줄일 수 있다. 다만, 과태료를 체납하고 있는 위반행위자에 대해서는 그렇지 않다.

1) 위반행위자가 자연재해·화재 등으로 재산에 현저한 손실이 발생했거나 사업여건의 악화로 중대한 위기에 처하는 등의 사정이 있는 경우

2) 그 밖에 위반행위의 정도, 위반행위의 동기와 그 결과 등을 고려하여 과태료를 줄일 필요가 있다고 인정되는 경우

라. 부과권자는 다음의 어느 하나에 해당하는 경우에는 제2호의 개별기준에 따른 과태료 금액의 2분의 1 범위에서 그 금액을 늘릴 수 있다. 다만, 늘리는 경우에도 법 제18조제1항 및 제2항에 따른 과태료 금액의 상한을 넘을 수 없다.

1) 위반의 내용·정도가 중대하여 이해관계인 등에게 미치는 피해가 크다고 인정되는 경우

2) 그 밖에 위반행위의 정도, 위반행위의 동기와 그 결과 등을 고려하여 과태료를 늘릴 필요가 있다고 인정되는 경우

2. 개별기준

위반행위	근거 법조문	과태료			
		1차 위반	2차 위반	3차 위반	4차 이상 위반
가. 법 제5조제1항을 위반하여 원산지 표시를 하지 않은 경우	법 제18조 제1항제1호	5만 원 이상 1,000만 원 이하			
나. 법 제5조제3항을 위반하여 원산지 표시를 하지 않은 경우	법 제18조 제1항제1호				
1) 소고기의 원산지를 표시하지 않은 경우		100만 원	200만 원	300만 원	300만 원
2) 소고기 식육의 종류만 표시하지 않은 경우		30만 원	60만 원	100만 원	100만 원
3) 돼지고기의 원산지를 표시하지 않은 경우		30만 원	60만 원	100만 원	100만 원

위반행위	근거 법조문	과태료			
		1차 위반	2차 위반	3차 위반	4차 이상 위반
4) 닭고기의 원산지를 표시하지 않은 경우		30만 원	60만 원	100만 원	100만 원
5) 오리고기의 원산지를 표시하지 않은 경우		30만 원	60만 원	100만 원	100만 원
6) 양고기 또는 염소고기의 원산지를 표시하지 않은 경우		품목별 30만 원	품목별 60만 원	품목별 100만 원	품목별 100만 원
7) 쌀의 원산지를 표시하지 않은 경우		30만 원	60만 원	100만 원	100만 원
8) 배추 또는 고춧가루의 원산지를 표시하지 않은 경우		30만 원	60만 원	100만 원	100만 원
9) 콩의 원산지를 표시하지 않은 경우		30만 원	60만 원	100만 원	100만 원
10) 넙치, 조피볼락, 참돔, 미꾸라지, 뱀장어, 낙지, 명태, 고등어, 갈치, 오징어, 꽃게, 참조기, 다랑어, 아귀 및 주꾸미의 원산지를 표시하지 않은 경우		품목별 30만 원	품목별 60만 원	품목별 100만 원	품목별 100만 원
11) 살아있는 수산물의 원산지를 표시하지 않은 경우		5만 원 이상 1,000만 원 이하			
다. 법 제5조제4항에 따른 원산지의 표시방법을 위반한 경우	법 제18조 제1항제2호	5만 원 이상 1,000만 원 이하			

05 에틸렌 수용체에 결합하여 에틸렌의 작용을 억제하는 물질로서 현재 과일과 채소류에서 비교적 활발하게 응용되고 있는 물질의 명칭을 쓰시오. [3점]

정답 1-MCP

해설 1-MCP는 과일과 채소의 에틸렌 수용체에 결합함으로써 에틸렌의 작용을 근본적으로 차단한다. 따라서 1-MCP는 에틸렌에 의해 유기되는 숙성과 품질변화에 대한 억제제로서 활용될 수 있다.

06 원예산물의 저장 중 증산작용에 영향을 미치는 환경요인에 관한 설명이 옳으면 ○, 틀리면 ×를 쓰시오. [5점]

> - 저장고 내 상대습도가 높을수록 증산속도가 증가한다. ················· (①)
> - 저장온도가 높을수록 증산속도가 증가한다. ························· (②)
> - 저장고 내 공기 유속이 빠를수록 증산속도가 증가한다. ············· (③)
> - 저장고 내 광이 많을수록 증산속도가 증가한다. ··················· (④)

정답 ① × ② ○ ③ ○ ④ ○

해설 증산작용에 영향을 미치는 요인
　　㉠ 저장 온도가 높을수록 증산은 증가한다. 저장고 내의 온도와 과실 자체의 품온의 차이가 클수록 증산
　　　은 증가한다.
　　㉡ 저장 내 상대습도가 낮을수록 증산은 증가한다.
　　㉢ 저장고 내의 풍속이 빠를수록 증산은 증가한다.
　　㉣ 원예산물의 표면적이 클수록 증산은 증가한다.
　　㉤ 큐티클층이 두꺼우면 증산은 감소한다.
　　㉥ 광은 온도를 상승시켜 증산을 증가시킨다.

07 M농산물품질관리사는 내부 온도가 0℃와 10℃인 2개의 다른 저장고에 〈보기〉의 농산물을 적정 온도에 맞게 저장하려고 한다. ① 0℃의 저장고에 저장할 농산물과 ② 10℃의 저장고에 저장할 농산물을 구분하여 〈보기〉에서 모두 찾아 쓰시오. (단, 상대습도, 공기의 속도 등 저장고의 다른 환경조건은 무시한다.) [5점]

보기
오이　　양배추　　무　　고구마　　토마토　　당근

0℃ 저장고	10℃ 저장고
(①)	(②)

정답 ① 양배추, 무, 당근 ② 오이, 고구마, 토마토

해설 열대과일(바나나, 아보카도(악어배), 파인애플, 망고 등), 감귤류(복숭아, 오렌지, 레몬 등), 박과채소(오이, 수박, 참외 등), 가지과 채소(고추, 가지, 토마토, 파프리카 등), 고구마, 생강, 장미, 치자, 백합, 히야신서, 난초 등은 저온장해에 민감하므로 10℃ 저장고에 저장한다.

08 A영농조합법인이 APC에서 저온 저장된 '자두'를 상온 탑차에 실어 가락동 공영도매시장으로 출하하였다. 출하된 '자두'는 외부 온·습도의 급격한 환경변화로 과피에 물방울이 맺혀 일부 '자두'에는 얼룩이 생겨 제값을 받기 어려웠다. 얼룩이 생긴 '자두'에 발생한 현상을 쓰시오. [3점]

정답 곰팡이균이 과피에 착생하여 생긴 현상

09 다음에서 ( )에 들어갈 용어를 쓰시오. [3점]

> 배의 과피흑변은 저온저장 초기에 발생되며 유전적 요인에 의해 영향을 받는다. 특히 (①)계통인 '신고'와 '추황배'에서 주로 나타나며, 재배 중에는 (②)비료의 과다사용으로 발생하기 쉽다.

정답 ① 금촌추 ② 질소질

해설 ㉠ 과피흑변의 발생은 품종에 따라 차이가 심한데 '금촌추'에서 특히 발생이 심하며 '금촌추'를 교배양친으로 하여 육성된 신고(금촌추×천지천', 1927년)와 추황배(금촌추×이십세기,1985년) 및 영산배(신고×단배, 1985년) 등에서도 저장 중에 과피흑변이 발생되는 사실로 미루어보아 '금촌추' 혈통의 유전적 특성과 밀접한 관련이 있는 것으로 생각된다.
㉡ 과피흑변현상은 과피에 짙은 흑색의 반점이 생기는 것이다. 과피흑변현상의 원인은 과피에 함유된 폴리페놀화합물이 폴리페놀옥시다제(폴리페놀산화효소)의 작용으로 멜라닌(흑색 색소)을 형성하기 때문이며, 질소질 비료를 과다 사용하는 경우에 발생하기 쉽다.
[출처] 김정호. 1974. 동양배 금촌추 품종의 저장 중에 발생하는 과피흑변 현상의 유기요인 및 그 방지에 관한 연구. 한국원예학회지

10 다음은 원예작물의 성숙과정과 숙성과정에서 일어나는 일련의 대사과정이다. (   )에 올바른 내용을 쓰시오. [5점]

> • 토마토는 성숙을 거쳐 숙성이 되면서 녹색의 (①)이/가 감소하고, 빨간색의 라이코펜이 증가한다.
> • 사과는 숙성이 진행되면서 (②)이/가 당으로 분해되어 단맛이 증가한다.
> • 과육이 연화되는 이유는 펙틴이 분해되어 (③)이/가 붕괴되기 때문이다.

정답 ① 엽록소 ② 전분 ③ 세포벽

해설 원예산물은 숙성과정에서 다음과 같은 변화를 나타낸다.
　㉠ 크기가 커지고 품종 고유의 모양과 향기를 갖춘다.
　㉡ 세포질의 셀룰로오스, 헤미셀룰로오스, 펙틴질이 분해됨에 따라 조직이 연해진다. 과일은 성숙되면서 프로토펙틴(불용성)이 펙틴산(가용성)으로 변하여 조직이 연해진다.
　㉢ 에틸렌 생성이 증가한다.
　㉣ 저장 탄수화물(전분)이 당으로 변하여 단맛이 증가한다.
　㉤ 유기산은 감소하여 신맛이 줄어든다. 유기산은 신맛을 내는 성분인데 대표적인 유기산으로는 사과의 능금산, 포도의 주석산, 밀감류와 딸기의 구연산 등이다.
　㉥ 사과, 토마토, 바나나, 키위, 참다래 등과 같은 호흡급등과는 일시적으로 호흡급등현상이 나타난다.
　㉦ 엽록소가 분해되어 녹색이 줄어들고, 과실 고유의 색소가 합성 발현됨으로써 과실 고유의 색깔을 띠게 된다. 과실별로 발현되는 색소는 다음과 같다.

색소		색깔	해당 과실
카로티노이드계	β-카로틴	황색	감귤, 토마토, 당근, 호박
	라이코펜(Lycopene)	적색	토마토, 당근, 수박
	캡산틴	적색	고추
안토시아닌계		적색	딸기, 사과
플라보노이드계		황색	토마토, 양파

※ 서술형 문제에 대해 답하시오. (11~20번 문제)

11 종합할인마트에 근무하고 있는 B농산물품질관리사는 판매대에 진열한 '양파'와 '자몽'에 대하여 다음과 같은 방법으로 원산지를 표시하려고 한다. 농수산물의 원산지 표시에 관한 법률상 '양파'와 '자몽'의 <u>원산지 표시(①, ③)</u>와 <u>최소 글자 크기(②, ④)</u>를 쓰시오. [6점]

진열 상태		원산지 표시방법
• 생산지가 전남 무안군인 '양파'를 판매대에 벌크 상태로 진열하고, 일괄 안내 표시판에 표시	⇒	• '양파' 글자 크기: 30포인트 • 원산지 표시: (①) • 원산지의 최소 글자 크기: (②) 포인트
• 생산지가 미국인 '자몽'을 판매대에 벌크 상태로 진열하고, 직경 4cm 크기의 스티커를 각각 부착하는 방법으로 표시	⇒	• '자몽' 글자 크기: 30 포인트 • 원산지 표시: (③) • 원산지의 최소 글자 크기: (④) 포인트

정답 ① 국내신 ② 20 ③ 미국 ④ 12

해설 농수산물의 원산지 표시 등에 관한 법률 시행령 [별표 1] 〈개정 2021. 1. 5.〉

<u>원산지의 표시기준</u>(제5조제1항 관련)

1. 농수산물

　가. 국산 농수산물

　　1) 국산 농산물: "국산"이나 "국내산" 또는 그 농산물을 생산·채취·사육한 지역의 시·도명이나 시·군·구명을 표시한다.

　　2) 국산 수산물: "국산"이나 "국내산" 또는 "연근해산"으로 표시한다. 다만, 양식 수산물이나 연안 정착성 수산물 또는 내수면 수산물의 경우에는 해당 수산물을 생산·채취·양식·포획한 지역의 시·도명이나 시·군·구명을 표시할 수 있다.

　나. 원양산 수산물

　　1) 「원양산업발전법」 제6조제1항에 따라 원양어업의 허가를 받은 어선이 해외수역에서 어획하여 국내에 반입한 수산물은 "원양산"으로 표시하거나 "원양산" 표시와 함께 "태평양", "대서양", "인도양", "남극해", "북극해"의 해역명을 표시한다.

　　2) 1)에 따른 표시 외에 연안국 법령에 따라 별도로 표시하여야 하는 사항이 있는 경우에는 1)에 따른 표시와 함께 표시할 수 있다.

　다. 원산지가 다른 동일 품목을 혼합한 농수산물

　　1) 국산 농수산물로서 그 생산 등을 한 지역이 각각 다른 동일 품목의 농수산물을 혼합한 경우에는 혼합 비율이 높은 순서로 3개 지역까지의 시·도명 또는 시·군·구명과 그 혼합 비율을 표시하거나 "국산", "국내산" 또는 "연근해산"으로 표시한다.

　　2) 동일 품목의 국산 농수산물과 국산 외의 농수산물을 혼합한 경우에는 혼합비율이 높은 순서로 3개 국가(지역, 해역 등)까지의 원산지와 그 혼합비율을 표시한다.

　라. 2개 이상의 품목을 포장한 수산물: 서로 다른 2개 이상의 품목을 용기에 담아 포장한 경우에는 혼합 비율이 높은 2개까지의 품목을 대상으로 가목2), 나목 및 제2호의 기준에 따라 표시한다.

2. 수입 농수산물과 그 가공품 및 반입 농수산물과 그 가공품

    가. 수입 농수산물과 그 가공품(이하 "수입농수산물등"이라 한다)은 「대외무역법」에 따른 원산지를 표시한다.

    나. 「남북교류협력에 관한 법률」에 따라 반입한 농수산물과 그 가공품(이하 "반입농수산물등"이라 한다)은 같은 법에 따른 원산지를 표시한다.

3. 농수산물 가공품(수입농수산물등 또는 반입농수산물등을 국내에서 가공한 것을 포함한다)

    가. 사용된 원료의 원산지를 제1호 및 제2호의 기준에 따라 표시한다.

    나. 원산지가 다른 동일 원료를 혼합하여 사용한 경우에는 혼합 비율이 높은 순서로 2개 국가(지역, 해역 등)까지의 원료 원산지와 그 혼합 비율을 각각 표시한다.

    다. 원산지가 다른 동일 원료의 원산지별 혼합 비율이 변경된 경우로서 그 어느 하나의 변경의 폭이 최대 15퍼센트 이하이면 종전의 원산지별 혼합 비율이 표시된 포장재를 혼합 비율이 변경된 날부터 1년의 범위에서 사용할 수 있다.

    라. 사용된 원료(물, 식품첨가물, 주정 및 당류는 제외한다)의 원산지가 모두 국산일 경우에는 원산지를 일괄하여 "국산"이나 "국내산" 또는 "연근해산"으로 표시할 수 있다.

    마. 원료의 수급 사정으로 인하여 원료의 원산지 또는 혼합 비율이 자주 변경되는 경우로서 다음의 어느 하나에 해당하는 경우에는 농림축산식품부장관과 해양수산부장관이 공동으로 정하여 고시하는 바에 따라 원료의 원산지와 혼합 비율을 표시할 수 있다.

      1) 특정 원료의 원산지나 혼합 비율이 최근 3년 이내에 연평균 3개국(회) 이상 변경되거나 최근 1년 동안에 3개국(회) 이상 변경된 경우와 최초 생산일부터 1년 이내에 3개국 이상 원산지 변경이 예상되는 신제품인 경우

      2) 원산지가 다른 동일 원료를 사용하는 경우

      3) 정부가 농수산물 가공품의 원료로 공급하는 수입쌀을 사용하는 경우

      4) 그 밖에 농림축산식품부장관과 해양수산부장관이 공동으로 필요하다고 인정하여 고시하는 경우

■ 농수산물의 원산지 표시 등에 관한 법률 시행규칙 [별표 1] 〈개정 2019. 9. 10.〉

농수산물 등의 원산지 표시방법(제3조제1호 관련)

1. 적용대상

    가. 영 별표 1 제1호에 따른 농수산물

    나. 영 별표 1 제2호에 따른 수입 농수산물과 그 가공품 및 반입 농수산물과 그 가공품

2. 표시방법

    가. 포장재에 원산지를 표시할 수 있는 경우

      1) 위치: 소비자가 쉽게 알아볼 수 있는 곳에 표시한다.

      2) 문자: 한글로 하되, 필요한 경우에는 한글 옆에 한문 또는 영문 등으로 추가하여 표시할 수 있다.

      3) 글자 크기

        가) 포장 표면적이 3,000cm^2 이상인 경우: 20포인트 이상

        나) 포장 표면적이 50cm^2 이상 3,000cm^2 미만인 경우: 12포인트 이상

        다) 포장 표면적이 50cm^2 미만인 경우: 8포인트 이상. 다만, 8포인트 이상의 크기로 표시하기 곤란한 경우에는 다른 표시사항의 글자 크기와 같은 크기로 표시할 수 있다.

        라) 가), 나) 및 다)의 포장 표면적은 포장재의 외형면적을 말한다. 다만, 「식품 등의 표시·광고에 관한 법률」 제4조에 따른 식품 등의 표시기준에 따른 통조림·병조림 및 병제품에 라벨이 인쇄된 경우에는 그 라벨의 면적으로 한다.

4) 글자색: 포장재의 바탕색 또는 내용물의 색깔과 다른 색깔로 선명하게 표시한다.

5) 그 밖의 사항

　가) 포장재에 직접 인쇄하는 것을 원칙으로 하되, 지워지지 아니하는 잉크·각인·소인 등을 사용하여 표시하거나 스티커(붙임딱지), 전자저울에 의한 라벨지 등으로도 표시할 수 있다.

　나) 그물망 포장을 사용하는 경우 또는 포장을 하지 않고 엮거나 묶은 상태인 경우에는 꼬리표, 안쪽 표지 등으로도 표시할 수 있다.

나. 포장재에 원산지를 표시하기 어려운 경우(다목의 경우는 제외한다)

1) 푯말, 안내표시판, 일괄 안내표시판, 상품에 붙이는 스티커 등을 이용하여 다음의 기준에 따라 소비자가 쉽게 알아볼 수 있도록 표시한다. 다만, 원산지가 다른 동일 품목이 있는 경우에는 해당 품목의 원산지는 일괄 안내표시판에 표시하는 방법 외의 방법으로 표시하여야 한다.

　가) 푯말: 가로 8cm×세로 5cm×높이 5cm 이상

　나) 안내표시판

　　(1) 진열대: 가로 7cm×세로 5cm 이상

　　(2) 판매장소: 가로 14cm×세로 10cm 이상

　　(3) 「축산물 위생관리법 시행령」 제21조제7호가목에 따른 식육판매업 또는 같은 조 제8호에 따른 식육즉석판매가공업의 영업자가 진열장에 진열하여 판매하는 식육에 대하여 식육판매표지판을 이용하여 원산지를 표시하는 경우의 세부 표시방법은 식품의약품안전처장이 정하여 고시하는 바에 따른다.

　다) 일괄 안내표시판

　　(1) 위치: 소비자가 쉽게 알아볼 수 있는 곳에 설치하여야 한다.

　　(2) 크기: 나)(2)에 따른 기준 이상으로 하되, 글자 크기는 20포인트 이상으로 한다.

　라) 상품에 붙이는 스티커: 가로 3cm×세로 2cm 이상 또는 직경 2.5cm 이상이어야 한다.

2) 문자: 한글로 하되, 필요한 경우에는 한글 옆에 한문 또는 영문 등으로 추가하여 표시할 수 있다.

3) 원산지를 표시하는 글자(일괄 안내표시판의 글자는 제외한다)의 크기는 제품의 명칭 또는 가격을 표시한 글자 크기의 1/2 이상으로 하되, 최소 12포인트 이상으로 한다.

다. 살아있는 수산물의 경우

1) 보관시설(수족관, 활어차량 등)에 원산지별로 섞이지 않도록 구획(동일 어종의 경우만 해당한다)하고, 푯말 또는 안내표시판 등으로 소비자가 쉽게 알아볼 수 있도록 표시한다.

2) 글자 크기는 30포인트 이상으로 하되, 원산지가 같은 경우에는 일괄하여 표시할 수 있다.

3) 문자는 한글로 하되, 필요한 경우에는 한글 옆에 한문 또는 영문 등으로 추가하여 표시할 수 있다.

12 사과를 0℃와 10℃에서 각각 저장하면서 호흡률을 측정한 결과 0℃에서 5mgCO₂/kg·hr, 10℃에서는 12.5mgCO₂/kg·hr이었다. 이때 호흡의 ① 온도계수(Q10)를 구하고, ② '공기조성'이 호흡에 미치는 영향에 대해 간략히 설명하시오. [5점]

정답 ① 2.5
② 산소(O_2)의 량이 줄어들고 이산화탄소(CO_2)량이 증가하면 호흡은 억제된다. 산소가 부족하지 않을 때 원예산물은 산소호흡(호기성호흡)을 하지만 산소의 농도가 2~3%로 떨어지면 산소가 부족하게 되어 무기호흡(혐기성호흡)을 하게 되고 무기호흡(혐기성호흡)이 진행되면 이취(異臭)가 발생하게 된다.

해설 ㉠ 온도는 원예산물의 생리작용에 영향을 준다. 일반적으로 최저온도에서 최적온도에 이를 때 까지는 온도가 상승하면 원예산물의 생리작용도 증가한다. 온도가 10℃ 상승할 때 생리작용의 증가 배수를 온도계수라고 한다. 호흡의 온도계수는 높은 온도에서의 호흡률을 그 보다 10℃ 낮은 온도에서의 호흡률로 나누어서 계산한다. 설문의 경우 온도계수=12.5/5=2.50이다.
㉡ 호흡과정에서는 산소가 소모되고 이산화탄소가 발산된다. 호흡으로 발산되는 이산화탄소(CO_2)량을 호흡에 필요한 산소(O_2)량으로 나눈 것을 호흡계수(호흡률)라고 한다. 산소(O_2)의 량이 줄어들고 이산화탄소(CO_2)량이 증가하면 호흡은 억제된다.
㉢ CA저장은 공기조성을 조절하여 원예산물의 저장성을 높이는 저장방식이다. CA저장(Controlled Atmosphere Storage)은 저온저장방식에 저장고 내부의 공기 조성을 조절하는 기술을 추가한 것이라고 할 수 있다. 대기 중의 산소는 약 21%이며, 이산화탄소는 약 0.03%인데 CA저장은 저장고 내의 공기조성을 산소 8% 이하, 이산화탄소 1% 이상으로 만들어 줌으로써 원예산물의 호흡률을 감소시킨다.

13 신선편이 농산물의 살균소독을 위해 염소수 세척을 하려고 한다. 유효염소 5%가 함유되어 있는 차아염소산나트륨(NaClO)을 이용하여 100ppm의 유효염소 농도를 갖는 염소수 400L를 만들고자 할 때 필요한 차아염소산나트륨의 양(mL)을 구하시오. (단, 계산과정을 포함한다.) [6점]

정답 800(mL)

해설 차아염소산나트륨의 양(mL)=원하는 유효염소 농도(ppm)×수조용량(mL)/NaClO 농도(%)×10,000
=100×400,000/50,000=800(mL)

14 단감을 플라스틱 필름으로 포장하여 저장하였더니 연화가 억제되고 저장성이 증대되었다. 이 ① 저장법의 명칭과 ② 원리를 설명하고, 현재 단감의 저장에 가장 많이 사용되고 있는 ③ 플라스틱 포장재료 1가지를 쓰시오. [6점]

정답 ① MA저장(Modified Atmosphere Storage)
② MA저장은 원예산물을 플라스틱 필름 백(film bag)에 넣어 저장하는 것으로서 CA저장과 비슷한 효과를 얻을 수 있다. 원예산물의 호흡에 의해 조성되는 산소농도 저하와 이산화탄소 농도 상승에 따른 품질 변화를 억제하기 위하여 원예산물을 고밀도 필름 백에 밀봉하여 저장하는 것이다.
③ 폴리에틸렌

MA저장

(1) MA저장(Modified Atmosphere Storage)의 의의

① 원예산물을 플라스틱 필름 백(film bag)에 넣어 저장하는 것으로서 플라스틱 필름 백 내의 공기조성이 조절되어 CA저장과 비슷한 효과를 얻을 수 있다.

② 단감을 폴리에틸렌 필름 백에 넣어 저장하는 것이 그 예이다.

③ 원예산물의 종류, 호흡률, 에틸렌의 발생정도, 에틸렌 감응도, 필름의 가스 투과도 등에 따라 필름의 종류와 필름의 두께 등을 고려하여야 한다.

(2) MA저장의 장단점

① MA저장의 장점

㉠ 증산작용을 억제하여 과채류의 표면위축현상을 줄인다.

㉡ 과육연화를 억제한다.

㉢ 유통기간의 연장이 가능하다.

② MA저장의 단점

㉠ 포장 내 과습(過濕)으로 인해 원예산물이 부패될 수 있다.

㉡ 가스조성이 적합하지 않으면 갈변, 이취 등이 나타날 수 있다.

15 K생산자가 화훼공판장에 출하하기 위해 포장한 카네이션(스탠다드) 1상자(20묶음 400본)의 품위를 계측한 결과 다음과 같았다. 농산물 표준규격에 따른 항목별 등급(①~④)을 쓰고, 종합등급(⑤)과 그 이유(⑥)를 쓰시오. (단, 크기의 고르기는 9묶음을 추출하여 꽃대의 길이를 측정하였고, 주어진 항목 이외는 등급판정에 고려하지 않는다.) [7점]

1묶음 평균의 꽃대의 길이	항목별 계측결과
• 82cm짜리: 2묶음 • 78cm짜리: 5묶음 • 74cm짜리: 2묶음	• 품종 고유의 모양으로 색택이 선명하고 양호함 • 꽃봉오리가 1/4 정도 개화됨 • 품종 고유의 모양이 아닌 것: 28본

항목	해당 등급	종합등급 및 이유
• 크기의 고르기	(①)	• 종합등급: (⑤)
• 꽃	(②)	
• 개화 정도	(③)	• 종합등급 판정 이유: (⑥)
• 결점	(④)	

정답 ① 특 ② 상 ③ 특 ④ 보통 ⑤ 보통

⑥ 크기의 고르기 항목이 모두 1급으로 「특」 등급의 기준인 크기가 다른 것이 없는 것에 해당되며, 꽃 항목이 「상」 등급의 기준인 품종 고유의 모양으로 색택이 선명하고 양호한 것에 해당하고, 개화 정도 항목이 「특」 등급 기준인 꽃봉오리가 1/4 정도 개화된 것에 해당하며, 경결점과 항목이 7%로 「보통」 등급 기준인 10% 이하에 해당되어 크기의 고르기 「특」, 꽃 「상」, 개화 정도 「특」, 경결점과 「보통」이므로 종합판정은 「보통」으로 판정함

해설 농산물 표준규격 [시행 2020. 10. 14.] [국립농산물품질관리원고시 제2020-16호, 2020. 10. 14., 일부개정]

농산물 표준규격
카네이션

[규격번호: 8021]

Ⅰ. 적용 범위

본 규격은 국내에서 생산되어 신선한 상태로 유통되는 카네이션에 적용하며, 수출용에는 적용하지 않는다.

Ⅱ. 등급 규격

항목 \ 등급	특	상	보통
① 크기의 고르기	크기 구분표 [표 1]에서 크기가 다른 것이 없는 것	크기 구분표 [표 1]에서 크기가 다른 것이 5% 이하인 것	크기 구분표 [표 1]에서 크기가 다른 것이 10% 이하인 것
② 꽃	품종 고유의 모양으로 색택이 선명하고 뛰어난 것	품종 고유의 모양으로 색택이 선명하고 양호한 것	특·상에 미달하는 것
③ 줄기	세력이 강하고, 휘지 않으며 굵기가 일정한 것	세력이 강하고, 휘어진 정도가 약하며 굵기가 비교적 일정한 것	특·상에 미달하는 것
④ 개화정도	• 스탠다드: 꽃봉오리가 1/4정도 개화된 것 • 스프레이: 꽃봉오리가 1~2개 정도 개화되고 전체적인 조화를 이룬 것	• 스탠다드: 꽃봉오리가 1/2정도 개화된 것 • 스프레이: 꽃봉오리가 3~4개 정도 개화되고 전체적인 조화를 이룬 것	특·상에 미달하는 것
⑤ 손질	마른 잎이나 이물질이 깨끗이 제거된 것	마른 잎이나 이물질 제거가 비교적 양호한 것	특·상에 미달하는 것
⑥ 중결점	없는 것	없는 것	5% 이하인 것
⑦ 경결점	3% 이하인 것	5% 이하인 것	10% 이하인 것

[표 1] 크기 구분

구 분 \ 호 칭		1급	2급	3급	1묶음의 본수 (본)
1묶음 평균의 꽃대 길이(cm)	스탠다드	70 이상	60 이상~70 미만	30 이상~60 미만	20
	스프레이	60 이상	50 이상~60 미만	30 이상~50 미만	10

용어의 정의

① 크기의 고르기는 매 포장 단위마다 상단·중단·하단에서 각각 3묶음씩 총 9묶음의 표본을 추출하여 해당 크기 구분표 [표 1]에서 크기가 다른 것의 개수비율을 말한다.

② 결점 혼입률은 포장 단위별로 전체 본에 대한 결점본의 개수비율을 말한다.

③ 중결점은 다음의 것을 말한다.
  ㉠ 이품종화: 품종이 다른 것
  ㉡ 상처: 자상, 압상, 동상, 열상 등이 있는 것
  ㉢ 병충해: 병해, 충해 등의 피해가 심한 것
  ㉣ 생리장해: 악할, 관생화, 수곡, 변색 등의 피해가 심한 것
  ㉤ 형상불량, 파손, 굽힘, 개화 차이가 심히 불량한 것
  ㉥ 기타 결점의 정도가 현저하게 품위에 영향을 미치는 것
④ 경결점은 다음의 것을 말한다.
  ㉠ 품종 고유의 모양이 아닌 것
  ㉡ 경미한 약해, 생리장해, 상처, 농약살포 등으로 외관이 떨어지는 것
  ㉢ 손질 정도가 미비한 것
  ㉣ 기타 결점의 정도가 경미한 것

16 K농산물품질관리사가 공영도매시장에 출하된 마른고추 6kg들이 1포대를 농산물 표준규격 '항목별 품위계측 및 감정방법'에 따라 계측한 결과 다음과 같았다. ① 낱개의 고르기 등급, ② 탈락씨의 등급, 결점과(③~④) 및 ⑤ 종합등급을 쓰시오. (단, 주어진 항목 이외는 등급판정에 고려하지 않는다.) [6점]

낱개의 고르기	탈락씨	결점과
• 평균길이에서 ±1.5cm를 초과하는 것: 4개	25g	• 길이의 1/3이 갈라진 것: 2개 • 꼭지 빠진 것: 2개

낱개의 고르기	탈락씨	결점과		종합등급
		종류	혼입율	
(①)	(②)	(③)	(④)	(⑤)

※ 결점과 종류: 경결점과, 중결점과 중에서 선택

──────────────────────────

정답 ① 특 ② 특 ③ 경결점과 ④ 8% ⑤ 상

해설 ① 공시량 50개 중 4개에 해당되므로 8%이다. 따라서 「특」에 해당된다.
② 6kg 중 25g이므로 0.4%이다. 따라서 「특」에 해당된다.
③ 모두 경결점과에 해당된다.
④ 공시량 50개 중 4개에 해당되므로 8%이다. 따라서 「상」에 해당된다.
⑤ 낱개의 고르기 「특」, 탈락씨 「특」, 경결점과 「상」에 해당되어 종합등급은 「상」으로 판정한다.

농산물 표준규격 [시행 2020. 10. 14.] [국립농산물품질관리원고시 제2020-16호, 2020. 10. 14., 일부개정]

농산물 표준규격
마른고추

[규격번호: 2011]

Ⅰ. 적용 범위

본 규격은 국내에서 생산된 붉은 마른고추를 대상으로 하며, 가공용 또는 수출용에는 적용하지 않는다.

Ⅱ. 등급 규격

항목＼등급	특	상	보통
① 낱개의 고르기	평균 길이에서 ±1.5cm를 초과하는 것이 10% 이하인 것	평균 길이에서 ±1.5cm를 초과하는 것이 20% 이하인 것	특·상에 미달 하는 것
② 색택	품종 고유의 색택으로 선홍색 또는 진홍색으로서 광택이 뛰어난 것	품종고유의 색택으로 선홍색 또는 진홍색으로서 광택이 양호한 것	특·상에 미달 하는 것
③ 수분	15% 이하로 건조된 것	15% 이하로 건조된 것	15% 이하로 건조된 것
④ 중결점과	없는 것	없는 것	3.0% 이하인 것
⑤ 경결점과	5.0% 이하인 것	15.0% 이하인 것	25.0% 이하인 것
⑥ 탈락씨	0.5% 이하인 것	1.0% 이하인 것	2.0% 이하인 것
⑦ 이물	0.5% 이하인 것	1.0% 이하인 것	2.0% 이내인 것

용어의 정의

① 중결점과는 다음의 것을 말한다.
- ㉠ 반점 및 변색: 황백색 또는 녹색이 과면의 10% 이상인 것 또는 과열로 검게 변한 것이 과면의 20% 이상인 것
- ㉡ 박피(薄皮): 미숙으로 과피(껍질)가 얇고 주름이 심한 것
- ㉢ 상해과: 잘라진 것 또는 길이의 1/2 이상이 갈라진 것
- ㉣ 병충해: 흑색탄저병, 무름병, 담배나방 등 병충해 피해가 과면의 10% 이상인 것
- ㉤ 기타: 심하게 오염된 것

② 경결점과는 다음의 것을 말한다.
- ㉠ 반점 및 변색: 황백색 또는 녹색이 과면의 10% 미만인 것 또는 과열로 검게 변한 것이 과면의 20% 미만인 것(꼭지 또는 끝부분의 경미한 반점 또는 변색은 제외한다.)
- ㉡ 상해과: 길이의 1/2 미만이 갈라진 것
- ㉢ 병충해: 흑색탄저병, 무름병, 담배나방 등 병충해 피해가 과면의 10% 미만인 것
- ㉣ 모양: 심하게 구부러진 것, 꼭지가 빠진 것
- ㉤ 기타: 결점의 정도가 경미한 것

③ 탈락씨: 떨어져 나온 고추씨를 말한다.

④ 이물: 고추 외의 것(떨어진 꼭지 포함)을 말한다.

농산물 표준규격 [시행 2020. 10. 14.] [별표 6]

항목별 품위계측 및 감정방법(제12조 관련)

1. **과실류**

    가. 공시량

    포장단위 수량이 50과 이상은 50과를 무작위 추출하고, 50과 미만은 전량을 추출한다.

    나. 낱개의 고르기

    1) 공시량의 평균 크기(무게)를 기준으로 크기 구분표에서 크기(무게) 또는 지름이 다른 것의 개수 비율을 구한다.

    2) 크기 구분표의 크기 호칭은 공시량 평균 크기 또는 무게에 해당하는 것을 말한다.

    다. 착색비율

    1) 공시량 중에서 품종 고유의 색깔이 가장 떨어지는 5과의 착색비율을 평균한 것으로 한다.

    2) 금감은 공시량 전량에 대하여 등급별 착색비율에 미달하는 것의 개수비율을 구한다.

    3) 낱개마다 품종 고유의 색깔에 대비하여 착색 정도별 면적비율과 해당 면적별 착색비율을 각각 측정하고 다음과 같이 산출한다.

    > ※ 착색비율(%)=(A1·B1 + A2·B2 + A3·B3 ··· An·Bn)/100
    >   A1, A2, A3, ···, An=착색정도별 면적비율
    >   B1, B2, B3, ···, Bn=해당면적별 착색비율

    라. 당도

    1) 대상품목은 과실류 중 사과, 배, 복숭아, 포도, 감귤, 금감, 단감, 자두의 8품목으로 한다.

    2) 측정기기는 "과실류 당도 측정기-시험방법(KS B 5642)"에 적합한 것으로 한다.

    3) 공시량이 50개인 과실류는 품종 고유의 색깔이 가장 떨어지는 과실 5과, 공시량이 50개 미만인 과실은 품종 고유의 색깔이 가장 떨어지는 과실 3과를 측정한 평균값을 당도($^{\circ}$Bx)로 한다.

    4) 사과, 배는 씨방, 단감은 씨, 감귤은 껍질과 씨, 복숭아, 자두는 핵을 제거한 후 이용한다.

    5) 1과의 착즙은 씨방, 핵, 껍질, 씨 등을 제외한 가식부 전체를 착즙함을 원칙으로 하되, 품목별 특성을 고려하여 다음과 같이 착즙할 수 있다.

        가) 금감: 꼭지를 제거한 전체를 착즙한다.

        나) 포도: 1 송이의 상·중·하에서 중간 품위의 낱알을 각각 5알씩 채취하여 착즙한다.

        다) 사과, 배, 단감, 복숭아, 자두, 감귤: 『그림 1』과 같이 과실의 크기에 따라 꼭지를 중심으로 세로로 4~8등분하여 품종 고유의 색깔이 가장 떨어지는 부분과 그 반대쪽을 선택한 후 품목별 제거부위를 제외한 부위를 착즙한다.

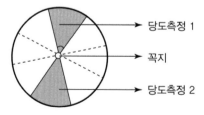

[그림 1] 채취 및 착즙부위

6) 착즙요령

　　가) 착즙도구: 소형 착즙기, 거름망, 착즙액 용기

　　나) 착즙방법: 착즙 부위를 적당한 크기로 절단한 후 소형 착즙기에 넣고, 거름망과 착즙액 용기를 놓은 다음 착즙하여 잘 섞은 후 측정액으로 사용한다.

7) 당도측정: 착즙한 측정액을 굴절당도계 프리즘(측정액을 넣는 곳)에 적당량을 넣은 후 측정한다.

마. 산함량/당산비

1) 시료는 당도 측정에 이용한 과즙을 사용한다.

2) 산함량(산도) 측정은 "KS H 2188(과실 · 채소주스) 6.3 산도의 시험방법"을 준용하되, 이와 동등한 결과를 얻을 수 있는 방법 및 기계에 의한 방법을 보조 방법으로 채택할 수 있다.

　　※ 당산비 = 당도(°Bx) ÷ 산함량(%)

바. 결점과 판정기준 및 혼입률 산출방법

1) 결점과는 공시량 중에서 매과 마다 경결점 이상인 것을 선별한 후 이를 다시 중결점, 경결점으로 분류하여 각각 개수 비율을 산출한다.

2) 결점과 혼입률 산출은 다음 식에 의한다.

$$혼입률(\%) = \frac{중결점(경결점)\ 개수}{공시\ 개수} \times 100$$

3) 동일한 결점이 산재한 것은 종합하여 판정하고, 1과에 여러 가지 결점이 있는 것은 가장 중한 결점에 따른다.

2. 채소류

가. 공시량

포장단위 수량이 50과 이상은 50과를 무작위 추출하고, 50과 미만은 전량을 추출한다.

나. 낱개의 고르기

1) 마른고추, 고추, 오이, 호박, 가지: 공시량 중에서 중결점 및 경결점, 심하게 구부러진 것 등을 제외하고 매개의 길이 또는 무게를 측정하여 평균을 구하고 품목(품종)별 허용길이 또는 무게를 초과하거나 미달하는 것의 개수 비율을 구한다. 단, 평균 길이(무게)는 공시량 중에서 10개를 무작위로 추출하여 측정한 값을 사용할 수 있다.

2) 위의 품목을 제외한 채소류: 공시량 중에서 중결점과를 제외하고 전량의 무게(또는 크기)를 계측하여 무게(또는 크기) 구분표에서 무게(또는 크기)가 다른 것의 개수 비율을 구한다.

다. 마른고추의 품질평가

1) 수분: 고르기 계측용 시료 중에서 30g 정도를 무작위로 채취하여 꼭지를 제거한 후 시료분쇄기로 과피와 씨를 20매쉬(약 1mm) 정도로 분쇄 혼합하여 측정한다.

2) 탈락씨 및 이물: 매 포장단위에서 탈락씨와 이물을 따로 골라내어 전체 무게에 대한 비율을 구한다.

라. 마늘의 품질평가

1) 열구: 공시료(50구)중에서 마늘쪽의 일부 또는 전부가 줄기로부터 벌어져 있는 통마늘을 분류하여 개수 비율을 산출한다. 다만, 마늘통 높이의 3/4 이상이 외피에 싸여 있는 것은 제외한다.

2) 쪽마늘: 포장단위 전체에서 쪽마늘을 분리한 후 전체 무게에 대한 무게 비율을 구한다.

마. 당도

1) 대상품목은 과채류 중 수박, 조롱수박, 참외, 멜론, 딸기의 5품목으로 한다.

2) 측정기기는 "과실류 당도 측정기−시험방법(KS B 5642)"에 적합한 것으로 한다.

3) 공시량이 50개인 과채류는 품종 고유의 색깔이 가장 떨어지는 과채류 5개, 공시량이 50개 미만인 과채류는 품종 고유의 색깔이 가장 떨어지는 과채류 3개를 측정한 평균값을 당도(°Bx)로 한다.

4) 수박, 조롱수박은 껍질과 씨, 참외는 태좌와 씨, 멜론은 껍질, 태좌, 씨를 제거한 후 이용한다.

5) 1개의 착즙은 씨, 껍질, 태좌 등을 제외한 가식부 전체를 착즙함을 원칙으로 하되, 품목별 특성을 고려하여 다음과 같이 착즙할 수 있다.

　가) 딸기: 꼭지를 제거한 전체를 착즙한다.

　나) 수박, 조롱수박: 『그림 1』과 같이 크기에 따라 꼭지를 중심으로 세로로 4~8등분하여 X자(대칭)로 2조각(『그림 1』 참조)을 선택하여 각각 『그림 2』와 같이 3개 부위를 절단한 후 제거부위를 제외한 부위를 착즙한다.

[그림 1] 착즙부위　　　　　　　　[그림 2] 착즙부위

　다) 참외, 멜론: 꼭지와 꽃자리의 중간부위를 수평으로 『그림 1』과 같이 2등분하여 각 능문별로 X자(대칭)로 2조각(『그림 2』)을 선택한 후 제거부위를 제외한 부위를 착즙한다.

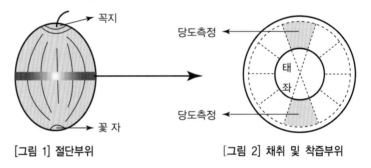

[그림 1] 절단부위　　　　　　　[그림 2] 채취 및 착즙부위

6) 착즙요령

　가) 착즙도구: 소형 착즙기, 거름망, 착즙액 용기

　나) 착즙방법: 착즙부위를 적당한 크기로 절단한 후 소형 착즙기에 넣고, 거름망과 착즙액 용기를 놓은 다음 착즙하여 잘 섞은 후 측정액으로 사용한다.

7) 당도측정: 착즙한 측정액을 굴절당도계 프리즘(측정액을 넣는 곳)에 적당량을 넣은 후 측정한다.

바. 결점 판정기준 및 혼입률 산출방법

1) 결점은 매개 마다 경결점 이상인 것을 전량에서 선별한 후 이를 다시 경결점, 중결점으로 분류하여 각각 개수 비율을 산출한다.

2) 결점 혼입률 산출은 다음 식에 의한다.

$$혼입률(\%) = \frac{중결점(경결점)\ 개수}{공시\ 개수} \times 100$$

3. **서류(薯類)**: 채소류에 준한다.

4. **특작류**

가. 고르기(알땅콩): 매 포장단위에서 200g 정도를 무작위로 추출하여 무게 구분표에서 무게가 다른 것의 중량비율을 구한다.

나. 빈 꼬투리, 가벼운 결점, 이물: 매 포장단위에서 200g 정도를 균분하여 각각의 무게비율을 구한다.

다. 용적중: "1ℓ 용적중 측정 곡립계"로 측정함을 원칙으로 하되 이와 동등한 측정결과를 얻을 수 있는 브라웰곡립계 등에 의한 측정을 보조방법으로 할 수 있다. 단, 브라웰곡립계 계측 시 이물을 제외한 시료를 150g 균분하여 사용한다.

라. 피해립, 이종곡립, 이종피색립: 용적중을 계측한 시료 중에서 50g 정도를 균분하여 각각의 무게 비율을 구한다.

마. 수삼 낱개의 고르기·결점 혼입률: 채소류에 준한다.

17 C농산물품질관리사가 도매시장에서 포도(품종: 거봉) 1상자(5kg)에 대해서 품위를 계측한 결과 다음과 같았다. 농산물 표준규격에 따른 ① 낱개의 고르기 등급과 ② 그 이유를 쓰시오. (단, 주어진 항목 이외는 등급판정에 고려하지 않는다.) [5점]

• 포도(거봉) 송이별 무게 구분	• 360g ~ 399g 범위: 1송이 • 400g ~ 429g 범위: 6송이 • 430g ~ 459g 범위: 3송이 • 460g ~ 499g 범위: 2송이

정답 ① 특 ② 12송이 중 1송이이므로 8.3%이다. 따라서 「특」이다.

해설 M 1, L 11송이이다.

농산물 표준규격 [시행 2020. 10. 14.] [국립농산물품질관리원고시 제2020-16호, 2020. 10. 14., 일부개정]

농산물 표준규격
포 도

[규격번호: 1041]

Ⅰ. **적용 범위**
본 규격은 국내에서 생산되어 신선한 상태로 유통되는 포도에 적용하며, 가공용 또는 수출용에는 적용하지 않는다.

Ⅱ. **등급 규격**

항목＼등급	특	상	보통
① 낱개의 고르기	별도로 정하는 크기 구분표 [표 1]에서 무게가 다른 것이 10% 이하인 것. 단, 크기 구분표의 해당 무게에서 1단계를 초과할 수 없다.	별도로 정하는 크기 구분표 [표 1]에서 무게가 다른 것이 30% 이하인 것. 단, 크기 구분표의 해당 무게에서 1단계를 초과할 수 없다.	특·상에 미달하는 것

항목＼등급	특	상	보통
② 색택	품종 고유의 색택을 갖추고, 과분의 부착이 양호한 것	품종고유의 색택을 갖추고, 과분의 부착이 양호한 것	특·상에 미달하는 것
③ 낱알의 형태	낱알 간 숙도와 크기의 고르기가 뛰어난 것	낱알 간 숙도와 크기의 고르기가 양호한 것	특·상에 미달하는 것
④ 중결점과	없는 것	없는 것	5% 이하인 것(부패·변질과는 포함할 수 없음)
⑤ 경결점과	없는 것	5% 이하인 것	20% 이하인 것

[표 1] 크기 구분

품종＼호칭		2L	L	M	S
1 송이의 무게(g)	마스캇베일리에이 및 이와 유사한 품종	650 이상	500 이상 ~ 650 미만	350 이상 ~ 500 미만	350 미만
	거봉, 네오마스캇, 다노레드 및 이와 유사한 품종	500 이상	400 이상 ~ 500 미만	300 이상 ~ 400 미만	300 미만
	캠벨얼리 및 이와 유사한 품종	450 이상	350 이상 ~ 450 미만	300 이상 ~ 350 미만	300 미만
	새단 및 이와 유사한 품종	300 이상	250 이상 ~ 300 미만	200 이상 ~ 250 미만	200 미만
	델라웨어 및 이와 유사한 품종	150 이상	120 이상 ~ 150 미만	100 이상 ~ 120 미만	100 미만

용어의 정의

① 중결점과는 다음의 것을 말한다.
   ㉠ 이품종과: 품종이 다른 것
   ㉡ 부패, 변질과: 부패, 경화, 위축 등 변질된 것(과숙에 의해 육질이 변질된 것을 포함한다.)
   ㉢ 미숙과: 당도, 색택 등으로 보아 성숙이 현저하게 덜된 것
   ㉣ 병충해과: 탄저병, 노균병, 축과병 등 병해충의 피해가 있는 것
   ㉤ 피해과: 일소, 열과, 오염된 것 등의 피해가 현저한 것
② 경결점과는 다음의 것을 말한다.
   ㉠ 품종 고유의 모양이 아닌 것
   ㉡ 낱알의 밀착도가 지나치거나 성긴 것
   ㉢ 병해충의 피해가 경미한 것
   ㉣ 기타 결점의 정도가 경미한 것

18 농업인 A씨가 농산물 도매시장에 표준규격 농산물로 출하한 단감 1상자(10kg)를 표준규격품 기준에 따라 단감 40개를 계측한 결과 다음과 같았다. 농산물 표준규격상 ① 낱개의 고르기 등급, ② 색택 등급, ③ 경결점과 등급을 쓰고, ④ 종합등급과 ⑤ 그 이유를 쓰시오. (단, 주어진 항목 이외는 등급판정에 고려하지 않는다.) [6점]

단감의 무게(g)	색택	경결점과
• 350g 이상 ~ : 1개 • 214g 이상 ~ 250g 미만: 38개 • 188g 이상 ~ 214g 미만: 1개	착색 비율 85%	• 품종 고유의 모양이 아닌 것: 1개 • 약해 등으로 외관이 떨어지는 것: 1개

항목	해당 등급	종합등급 및 이유
• 낱개의 고르기	(①)	• 종합등급: (④)
• 색택	(②)	• 종합등급 판정 이유: (⑤)
• 경결점과	(③)	

정답 ① 보통 ② 특 ③ 상 ④ 보통
⑤ 낱개의 고르기 항목이 크기 구분표의 해당 무게에서 1단계를 초과하므로 「보통」으로 판정하며, 색택 항목은 착색비율 85%로 「특」 등급 기준인 80% 이상에 해당되며, 경결점과 항목은 5%로 「상」 등급 기준인 5% 이하에 해당되어 낱개의 고르기 「보통」, 색택 「특」, 경결점과 「상」이므로 종합등급은 「보통」으로 판정함

해설 ① M 1, L 38, 3L 1이며, 크기 구분표의 해당 무게에서 1단계를 초과한다. 따라서 「보통」으로 판정한다.
② 착색 비율이 80% 이상이므로 「특」이다.
③ 경결점과 2개이므로 5%이다. 따라서 「상」에 해당된다.
⑤ 낱개의 고르기 「보통」, 색택 「특」, 경결점과 「상」이므로 종합등급은 「보통」으로 판정한다.

농산물 표준규격 [시행 2020. 10. 14.] [국립농산물품질관리원고시 제2020-16호, 2020. 10. 14., 일부개정]

농산물 표준규격
단 감

[규격번호: 1071]

Ⅰ. 적용 범위
본 규격은 국내에서 생산되어 신선한 상태로 유통되는 단감에 적용하며, 가공용 또는 수출용에는 적용하지 않는다.

II. 등급 규격

항목 \ 등급	특	상	보통
① 낱개의 고르기	별도로 정하는 크기 구분표 [표 1]에서 무게가 다른 것이 5% 이하인 것. 단, 크기 구분표의 해당 무게에서 1단계를 초과 할 수 없다.	별도로 정하는 크기 구분표 [표 1]에서 무게가 다른 것이 10% 이하인 것. 단, 크기 구분표의 해당 무게에서 1단계를 초과 할 수 없다.	특·상에 미달하는 것
② 색택	착색비율이 80% 이상인 것	착색비율이 60% 이상인 것	특·상에 미달하는 것
③ 숙도	숙도가 양호하고 균일한 것	숙도가 양호하고 균일한 것	특·상에 미달하는 것
④ 중결점과	없는 것	없는 것	5% 이하인 것(부패·변질과는 포함할 수 없음)
⑤ 경결점과	3% 이하인 것	5%이하인 것	20% 이하인 것

[표 1] 크기 구분

구분 \ 호칭	3L	2L	L	M	S	2S	3S
g/개	300 이상	250 이상 ~ 300 미만	214 이상 ~ 250 미만	188 이상 ~ 214 미만	167 이상 ~ 188 미만	150 이상 ~ 167 미만	150 미만

용어의 정의

① 착색비율은 낱개별로 전체 면적에 대한 품종 고유의 색깔이 착색된 면적의 비율을 말한다.

② 중결점과는 다음의 것을 말한다.
   ㉠ 이품종과: 품종이 다른 것
   ㉡ 부패, 변질과: 과육이 부패 또는 변질된 것(과숙에 의해 육질이 변질된 것을 포함한다.)
   ㉢ 미숙과: 당도(맛), 경도 및 색택으로 보아 성숙이 덜된 것(덜익은 과일을 수확하여 아세틸렌, 에틸렌 등의 가스로 후숙한 것을 포함한다.)
   ㉣ 병충해과: 탄저병, 검은별무늬병, 감꼭지나방 등 병해충의 피해가 있는 것
   ㉤ 상해과: 열상, 자상 또는 압상이 있는 것. 다만 경미한 것을 제외한다.
   ㉥ 꼭지: 꼭지가 빠지거나, 꼭지 부위가 갈라진 것
   ㉦ 모양: 모양이 심히 불량한 것
   ㉧ 기타: 경결점과에 속하는 사항으로 그 피해가 현저한 것

③ 경결점과는 다음의 것을 말한다.
   ㉠ 품종 고유의 모양이 아닌 것
   ㉡ 경미한 일소, 약해 등으로 외관이 떨어지는 것
   ㉢ 그을음병, 깍지벌레 등 병충해의 피해가 과피에 그친 것
   ㉣ 꼭지가 돌아갔거나, 꼭지와 과육 사이에 틈이 있는 것
   ㉤ 경미한 찰상 등 중결점과에 속하지 않는 상처가 있는 것
   ㉥ 기타 결점의 정도가 경미한 것

19 A농산물품질관리사가 시중에 유통되고 있는 참깨(1포대, 20kg들이)를 농산물 표준규격에 따라 품위를 계측한 결과 다음과 같았다. 농산물 표준규격에 따른 항목별 등급(①~③)을 쓰고, 종합등급(④)과 그 이유(⑤)를 쓰시오. (단, 주어진 항목 이외는 등급 판정에 고려하지 않는다.) [6점]

구분	이물	이종피색립	용적중
계측결과	0.5%	1.2%	605g/ℓ

항목	해당등급	종합등급 및 이유
• 이물	(①)	• 종합등급: (④)
• 이종피색립	(②)	• 종합등급 판정 이유: (⑤)
• 용적중	(③)	

정답 ① 특 ② 상 ③ 특 ④ 상
⑤ 이물 항목이 0.5%로 「특」 등급 기준인 1.0% 이하에 해당하며, 이종피색립 항목은 1.2%로 「상」 등급 기준인 2.0% 이하에 해당되고, 용적중 항목은 605g/ℓ로 「특」 등급 기준인 600 이상에 해당되어 이물 「특」, 이종피색립 「상」, 용적중 「특」이므로 종합등급은 「상」으로 판정함

해설 ① 1.0% 이하이므로 「특」에 해당된다.
② 1.0% 초과 2.0% 이하이므로 「상」에 해당된다.
③ 600 이상이므로 「특」에 해당된다.
⑤ 이물 「특」, 이종피색립 「상」, 용적중 「특」이므로 종합등급은 「상」으로 판정한다.

농산물 표준규격 [시행 2020. 10. 14.] [국립농산물품질관리원고시 제2020-16호, 2020. 10. 14., 일부개정]

농산물 표준규격
참 깨

[규격번호: 5011]

Ⅰ. 적용 범위
본 규격은 국내에서 생산되어 신선한 상태로 유통되는 참깨에 적용하며, 가공용 또는 수출용에는 적용하지 않는다.

Ⅱ. 등급 규격

항목 \ 등급	특	상	보통
① 모양	품종 고유의 모양과 색택을 갖춘 것으로 껍질이 얇고, 충실하며 고르고 윤기가 있는 것	품종 고유의 모양과 색택을 갖춘 것으로 껍질이 얇고, 충실하며 고르고 윤기가 있는 것	특·상에 미달하는 것
② 수분	10.0% 이하인 것	10.0% 이하인 것	10.0% 이하인 것

항목 \ 등급	특	상	보통
③ 용적중 (g/ℓ)	600 이상인 것	580 이상인 것	550 이상인 것
④ 이종피색립	1.0% 이하인 것	2.0% 이하인 것	5.0% 이하인 것
⑤ 이물	1.0% 이하인 것	2.0% 이하인 것	5.0% 이하인 것
⑥ 조건	생산 연도가 다른 참깨가 혼입된 경우나, 수확 연도로부터 1년이 경과되면 「특」이 될 수 없음		

용어의 정의

① 백분율(%): 전량에 대한 무게의 비율을 말한다.
② 용적중: 「별표6」「항목별 품위계측 및 감정방법」에 따라 측정한 1ℓ의 무게를 말한다.
③ 이종피색립: 껍질의 색깔이 현저하게 다른 참깨를 말한다.
④ 이물: 참깨 외의 것을 말한다.

20 A농가가 참외를 수확하여 선별하였더니 다음과 같았다. 5kg들이 상자에 담아 표준규격품으로 출하하려고 할 때, 등급별로 포장할 수 있는 최대 상자수(①～③)와 등급별 상자의 구성 내용(④～⑥)을 쓰시오. (단, 주어진 참외를 모두 이용하여 '특', '상', '보통' 순으로 포장하여야 하며 '등외'는 제외한다. 주어진 항목 이외는 등급에 고려하지 않는다.) [9점]

1개의 무게	개수	총 중량	정상과	결점과
750g	7	5,250g	7	• 없음
700g	5	3,500g	5	• 없음
600g	5	3,000g	5	• 없음
500g	7	3,500g	5	• 열상의 피해가 경미한 것: 1개 • 품종 고유의 모양이 아닌 것: 1개
계	24	15,250g	22	2개

등급	최대 상자수	구성 내용
특	(①)상자	(④)
상	(②)상자	(⑤)
보통	(③)상자	(⑥)

※ 구성 내용 예시: (○○○g □개), (○○○g □개 + ○○○g □개)

① 1 ② 0 ③ 2

④ (700g 5개 + 500g 3개)

⑤ 0

⑥ (750g 2개 + 600g 5개 + 500g 1개), (750g 5개 + 500g 3개)

농산물 표준규격 [시행 2020. 10. 14.] [국립농산물품질관리원고시 제2020-16호, 2020. 10. 14., 일부개정]

농산물 표준규격
참 외

[규격번호: 2061]

Ⅰ. 적용 범위

본 규격은 국내에서 생산되어 신선한 상태로 유통되는 참외에 적용하며, 가공용 또는 수출용에는 적용하지 않는다.

Ⅱ. 등급 규격

항목 \ 등급	특	상	보통
① 낱개의 고르기	별도로 정하는 크기 구분표 [표 1]에서 무게가 다른 것이 3% 이하인 것. 단, 크기 구분표의 해당 무게에서 1단계를 초과할 수 없다.	별도로 정하는 크기 구분표 [표 1]에서 무게가 다른 것이 5% 이하인 것. 단, 크기 구분표의 해당 무게에서 1단계를 초과할 수 없다.	특·상에 미달하는 것
② 색택	착색비율이 90% 이상인 것	착색비율이 80% 이상인 것	특·상에 미달하는 것
③ 신선도, 숙도	과육의 성숙 정도가 적당하며, 과피에 갈변현상이 없고 신선도가 뛰어난 것	과육의 성숙 정도가 적당하며, 과피에 갈변현상이 경미하고 신선도가 양호한 것	특·상에 미달하는 것
④ 중결점과	없는 것	없는 것	5% 이하인 것(부패·변질과는 포함할 수 없음)
⑤ 경결점과	3% 이하인 것	5% 이하인 것	20% 이하인 것

[표 1] 크기 구분

구분 \ 호칭	3L	2L	L	M	S	2S	3S
1개의 무게 (g)	715 이상	500 이상 ~ 715 미만	375 이상 ~ 500 미만	300 이상 ~ 375 미만	250 이상 ~ 300 미만	214 이상 ~ 250 미만	214 미만

① 착색비율은 낱개별로 전체 면적에 대한 품종 고유의 색깔이 착색된 면적의 비율을 말한다.

② 중결점과는 다음의 것을 말한다.

   ⊙ 이품종과: 품종이 다른 것

   ⓒ 부패, 변질과: 과육이 부패 또는 변질된 것

   ⓒ 과숙과: 성숙이 지나치거나 과육이 연화된 것

   ⓔ 미숙과: 당도, 경도, 착색으로 보아 성숙이 현저하게 덜된 것

   ⓜ 병충해과: 탄저병 등 병해충의 피해가 있는 것. 다만, 경미한 것은 제외한다.

   ⓗ 상해과: 열상, 자상 또는 압상 등이 있는 것. 다만, 경미한 것은 제외한다.

   ⓢ 모양: 모양이 불량한 것

③ 경결점과는 다음의 것을 말한다.

   ⊙ 병충해, 상해의 피해가 경미한 것

   ⓒ 품종 고유의 모양이 아닌 것

   ⓒ 기타 결점의 정도가 경미한 것

※ 단답형 문제에 대해 답하시오. (1~10번 문제)

01 농수산물 품질관리법령상 안전관리계획에 관한 내용이다. (   )에 들어갈 내용을 쓰시오. [3점]

> (①)은 농수산물(축산물은 제외)의 품질향상과 안전한 농수산물의 생산·공급을 위한 안전관리계획을 매년 수립·시행하여야 한다. 그 내용에는 관련 법조항에 따른 (②)조사, (③)평가 및 잔류조사, 농어업인에 대한 교육, 그 밖에 총리령으로 정하는 사항을 포함하여야 한다.

(정답) ① 식품의약품안전처장 ② 안전성 ③ 위험

(해설) **농수산물품질관리법 [시행 2022. 6. 22.]**
제60조(안전관리계획)
① 식품의약품안전처장은 농수산물(축산물은 제외한다. 이하 이 장에서 같다)의 품질향상과 안전한 농수산물의 생산·공급을 위한 안전관리계획을 매년 수립·시행하여야 한다. 〈개정 2013. 3. 23.〉
② 시·도지사 및 시장·군수·구청장은 관할 지역에서 생산·유통되는 농수산물의 안전성을 확보하기 위한 세부추진계획을 수립·시행하여야 한다.
③ 제1항에 따른 안전관리계획 및 제2항에 따른 세부추진계획에는 제61조에 따른 안전성조사, 제68조에 따른 위험평가 및 잔류조사, 농어업인에 대한 교육, 그 밖에 총리령으로 정하는 사항을 포함하여야 한다. 〈개정 2013. 3. 23.〉
④ 삭제 〈2013. 3. 23.〉
⑤ 식품의약품안전처장은 시·도지사 및 시장·군수·구청장에게 제2항에 따른 세부추진계획 및 그 시행 결과를 보고하게 할 수 있다. 〈개정 2013. 3. 23.〉

02 배추김치(고춧가루를 사용한 제품)와 돼지고기를 사용한 김치찌개를 조리하여 판매하고 있는 일반음식점에 대한 원산지 단속과정에서 조사공무원이 아래의 〈메뉴판〉 표시내용을 보고 음식점 주인 Y씨와 다음과 같은 대화를 가졌다. 밑줄에 들어갈 Y씨의 원산지 표기 사유에 대한 답변 내용을 쓰시오. (단, 주어진 내용 이외는 고려하지 않음) [4점]

[메뉴판]

김치찌개(배추김치: 중국산, 돼지고기: 멕시코산)

[대화 내용]

• 조사공무원: "김치찌개의 원산지 중 배추김치에 대하여 배추와 고춧가루의 원산지를 각각 표시하지 않고 왜 중국산으로 표시하였나요?"

• Y씨: "_____."

• 조사공무원: "아, 그렇군요. 그러면 원산지 표시가 현재 맞다고 판단됩니다."

(정답) 중국에서 가공한 김치 가공품 완제품을 구입하여 사용한 것이다.

해설 **농수산물의 원산지표시에 관한 법률 시행규칙**
[별표4] 영업소 및 집단급식소의 원산지표시방법 1.바.1) 외국에서 가공한 농수산물 가공품 완제품을 구입하여 사용한 경우에는 그 포장재에 적힌 원산지를 표시할 수 있다.
[예시] 소시지야채볶음(소시지: 미국산), 김치찌개(배추김치: 중국산)

03 농수산물 품질관리법령상 농산물 이력추적관리를 등록한 생산자 A씨의 신규 등록, 행정처분 및 적발 등 일자별 추진상황은 다음과 같다. 이 경우 A씨가 국립농산물품질관리원장으로부터 받게 될 행정처분의 기준을 쓰시오. (단, 경감사유는 없음) [3점]

추진일자	세부 추진상황
2018년 3월 8일	국립농산물품질관리원장으로부터 농산물 이력추적관리 신규등록증 발급 받음
2018년 9월 4일	농산물 이력추적관리 등록변경신고를 하지 않아 국립농산물품질관리원장으로부터 시정명령 처분을 받음
2019년 5월 9일	농산물 이력추적관리 등록변경신고 사항이 있음에도 신고하지 않아 국립농산물품질관리원 조사공무원이 적발

해설 농수산물 품질관리법 시행규칙 [별표 14] 〈개정 2020. 2. 28.〉

이력추적관리의 등록취소 및 표시정지 등의 기준(제54조 관련)

1. 일반기준

    가. 위반행위가 둘 이상인 경우

      1) 각각의 처분기준이 시정명령 또는 등록취소인 경우에는 하나의 위반행위로 간주한다. 다만, 각각의 처분기준이 표시정지인 경우에는 각각의 처분기준을 합산하여 처분할 수 있다.

      2) 각각의 처분기준이 다른 경우에는 그 중 무거운 처분기준을 적용한다. 다만, 각각의 처분기준이 표시정지인 경우에는 무거운 처분기준의 2분의 1까지 가중할 수 있으며, 이 경우 각 처분기준을 합산한 기간을 초과할 수 없다.

    나. 위반행위의 횟수에 따른 행정처분의 기준은 최근 1년간 같은 위반행위로 행정처분을 받은 경우에 적용한다. 이 경우 행정처분 기준의 적용은 같은 위반행위에 대하여 최초로 행정처분을 한 날과 다시 같은 위반행위를 적발한 날을 기준으로 한다.

    다. 생산자집단 또는 가공업자단체의 구성원의 위반행위에 대해서는 1차적으로 위반행위를 한 구성원에 대하여 행정처분을 하되, 그 구성원이 소속된 조직 또는 단체에 대해서는 그 구성원의 위반정도를 고려하여 처분을 경감하거나 그 구성원에 대한 처분기준보다 한 단계 낮은 처분기준을 적용한다.

    라. 위반행위의 내용으로 보아 고의성이 없거나 그 밖에 특별한 사유가 있다고 인정되는 경우에는 그 처분을 표시정지의 경우에는 2분의 1 범위에서 경감할 수 있고, 등록취소인 경우에는 6개월의 표시정지 처분으로 경감할 수 있다.

2. 개별기준

위 반 행 위	근거 법조문	위반횟수별 처분기준		
		1차 위반	2차 위반	3차 위반 이상
가. 거짓이나 그 밖의 부정한 방법으로 등록을 받은 경우	법 제27조 제1항제1호	등록취소	–	–
나. 이력추적관리 표시정지 명령을 위반하여 계속 표시한 경우	법 제27조 제1항제2호	등록취소	–	–
다. 법 제24조제3항에 따른 이력추적관리 등록 변경신고를 하지 않은 경우	법 제27조 제1항제3호	시정명령	표시정지 1개월	표시정지 3개월
라. 법 제24조제6항에 따른 표시방법을 위반한 경우	법 제27조 제1항제4호	표시정지 1개월	표시정지 3개월	등록취소
마. 이력추적관리기준을 지키지 않은 경우	법 제27조 제1항제5호	표시정지 1개월	표시정지 3개월	표시정지 6개월
바. 법 제26조제2항을 위반하여 정당한 사유 없이 자료제출 요구를 거부한 경우	법 제27조 제1항제6호	표시정지 1개월	표시정지 3개월	표시정지 6개월
사. 전업·폐업 등으로 이력추적관리농산물을 생산, 유통 또는 판매하기 어렵다고 판단되는 경우	법 제27조 제1항제7호	등록취소		

04 국립농산물품질관리원 조사공무원은 농수산물 품질관리법령에 따라 우수관리인증기관으로 지정된 Y기관을 대상으로 점검한 결과, 조직·인력기준 1건과 시설기준 2건이 지정기준에 미달되었다. 국립농산물품질관리원장이 조치할 수 있는 행정처분의 기준을 쓰시오. (단, 처분기준은 개별기준을 적용하며, 경감사유는 없고, 위반횟수는 1회임) [3점]

정답 업무정지 3개월

해설 농수산물 품질관리법 시행규칙 [별표 4] 〈개정 2022. 1. 6.〉

우수관리인증기관의 지정 취소, 우수관리인증 업무의 정지 및 우수관리시설 지정 업무의 정지에 관한 처분기준(제22조제1항 관련)

1. 일반기준

   가. 위반행위가 둘 이상인 경우에는 그 중 무거운 처분기준에 따른다. 다만, 둘 이상의 처분기준이 모두 업무정지인 경우에는 각 처분기준을 합산한 기간을 넘지 않는 범위에서 무거운 처분기준에 나머지 처분기준의 2분의 1 범위에서 가중한다.

   나. 위반행위의 횟수에 따른 행정처분의 기준은 최근 1년간 같은 위반행위로 행정처분을 받은 경우에 적용한다. 이 경우 기간의 계산은 위반행위에 대하여 처분을 받은 날과 그 처분 후 다시 같은 위반행위를 하여 적발된 날을 기준으로 한다.

   다. 나목에 따라 가중된 처분을 하는 경우 가중처분의 적용 차수는 그 위반행위 전 처분 차수(가목에 따른 기간 내에 처분이 둘 이상 있었던 경우에는 높은 차수를 말한다)의 다음 차수로 한다.

   라. 인증기관이 지역사무소 또는 지사를 두고 있는 경우에는 기준을 위반한 지역사무소나 지사를 대상으로 처분을 하고, 해당 인증기관에 대해서도 지역사무소나 지사에 대한 처분기준보다 한 단계 낮은 처분기준을 적용하여 처분하되, 기준을 위반한 사무소 또는 지사가 복수인 경우에는 처분을 받는 사무소 또는 지사의 처분기준 중 가장 무거운 처분기준보다 한 단계 낮은 처분기준을 적용하여 처분한다.

   마. 위반행위의 내용으로 보아 고의성이 없거나 그 밖에 특별한 사유가 있다고 인정되는 경우에는 그 처분을 업무정지의 경우에는 2분의 1 범위에서 경감할 수 있고, 지정 취소인 경우에는 6개월의 업무정지 처분으로 감경할 수 있다.

   바. 업무정지처분의 경우 위반사항의 내용에 따라 인증기관 업무의 전부 또는 일부에 대하여 정지할 수 있다.

2. 개별기준

위반행위	근거 법조문	위반횟수별 처분기준		
		1회	2회	3회 이상
가. 거짓이나 그 밖의 부정한 방법으로 지정을 받은 경우	법 제10조 제1항제1호	지정 취소		
나. 업무정지 기간 중에 우수관리인증 또는 우수관리시설의 지정 업무를 한 경우	법 제10조 제1항제2호	지정 취소		
다. 우수관리인증기관의 해산·부도로 인하여 우수관리인증 또는 우수관리시설의 지정 업무를 할 수 없는 경우	법 제10조 제1항제3호	지정 취소		

위반행위	근거 법조문	위반횟수별 처분기준		
		1회	2회	3회 이상
라. 법 제9조제2항 본문에 따른 중요 사항에 대한 변경신고를 하지 않고 우수관리인증 또는 우수관리시설의 지정 업무를 계속한 경우	법 제10조 제1항제4호			
1) 조직·인력 및 시설 중 어느 하나가 변경되었으나 1개월 이내에 신고하지 않은 경우		경고	업무정지 1개월	업무정지 3개월
2) 조직·인력 및 시설 중 둘 이상이 변경되었으나 1개월 이내에 신고하지 않은 경우		업무정지 1개월	업무정지 3개월	업무정지 6개월
마. 우수관리인증 또는 우수관리시설의 지정 업무와 관련하여 인증기관의 장 등 임원·직원에 대하여 벌금 이상의 형이 확정된 경우	법 제10조 제1항제5호	지정 취소		
바. 법 제9조제7항에 따른 지정기준을 갖추지 않은 경우	법 제10조 제1항제6호			
1) 조직·인력 및 시설 중 어느 하나가 지정기준에 미달할 경우		업무정지 1개월	업무정지 3개월	업무정지 6개월
2) 조직·인력 및 시설 중 둘 이상이 지정기준에 미달할 경우		업무정지 3개월	업무정지 6개월	지정 취소
사. 법 제9조의2에 따른 준수사항을 지키지 않은 경우	법 제10조 제1항제6호의2	경고	업무정지 1개월	업무정지 3개월
아. 우수관리인증 또는 우수관리시설 지정의 기준을 잘못 적용하는 등 우수관리인증 또는 우수관리시설의 지정 업무를 잘못한 경우	법 제10조 제1항제7호			
1) 우수관리인증 또는 우수관리시설 지정의 기준을 잘못 적용하여 인증을 한 경우		경고	업무정지 1개월	업무정지 3개월
2) 별표 3 제3호나목부터 아목까지 또는 제4호 각 목의 규정 중 둘 이상을 이행하지 않은 경우		경고	업무정지 1개월	업무정지 3개월
3) 우수관리인증 또는 우수관리시설의 지정 외의 업무를 수행하여 우수관리인증 또는 우수관리시설의 지정 업무가 불공정하게 수행된 경우		업무정지 6개월	지정 취소	

위반행위	근거 법조문	위반횟수별 처분기준		
		1회	2회	3회 이상
4) 우수관리인증 또는 우수관리시설 지정의 기준을 지키는지 조사 · 점검을 하지 않은 경우		경고	업무정지 1개월	업무정지 3개월
5) 우수관리인증 또는 우수관리시설의 지정 취소 등의 기준을 잘못 적용하여 처분한 경우		업무정지 1개월	업무정지 3개월	지정 취소
6) 정당한 사유 없이 법 제8조제1항 또는 제12조제1항에 따른 처분을 하지 않은 경우		경고	업무정지 1개월	업무정지 3개월
자. 정당한 사유 없이 1년 이상 우수관리인증 또는 우수관리시설의 지정 실적이 없는 경우	법 제10조 제1항제8호	업무정지 3개월	지정 취소	
차. 법 제13조의2제2항 또는 제31조제3항을 위반하여 농림축산식품부장관의 요구를 정당한 이유 없이 따르지 않은 경우	법 제10조 제1항제9호	업무정지 3개월	업무정지 6개월	지정 취소
카. 삭제 〈2020. 2. 28.〉				

05 A미곡종합처리장은 농산물우수관리시설로 지정받고자 우수관리인증기관에 지정신청서를 제출함에 따라 2019년 8월 13일 심사를 받은 결과, 지정기준에 적합하지 않다고 통보받았다. 심사결과를 고려하여 적합판정을 받을 수 있는 방법을 쓰시오. (단, 주어진 항목만으로 판정하고, 이외 항목은 고려하지 않으며 A미곡종합처리장은 지리적 여건상 상수도를 사용할 수 없음) [6점]

항목	심사결과
수처리 설비	① 지하수를 사용하고 있으며, 화장실이 취수원으로부터 10미터 떨어진 곳에 위치 ② 2017년 8월 16일 발행된 지하수 수질검사성적서(결과: 먹는물 수질기준에 적합) 비치

정답 ① 화장실을 취수원으로부터 20미터 이상 떨어진 곳으로 이전한다.
② 지하수 수질검사를 다시 실시한다.

해설 농수산물 품질관리법 시행규칙 [별표 5] 〈개정 2022. 12. 19.〉

우수관리시설의 지정기준(제23조제1항 관련)

1. 조직 및 인력
   가. 조직
      1) 농산물우수관리업무를 수행할 능력을 갖추어야 한다.
      2) 농산물우수관리업무 외의 업무를 수행하고 있는 경우 그 업무를 수행함으로써 농산물우수관리 업무가 불공정하게 수행될 우려가 없어야 한다.
   나. 인력
      1) 농산물우수관리업무를 담당하는 사람을 1명 이상 갖출 것
      2) 농산물우수관리업무를 담당하는 사람은 다음의 어느 하나에 해당하는 사람으로서 국립농산물 품질관리원장이 정하는 바에 따라 농산물우수관리업무를 수행하는 사람의 역할과 자세, 농산 물우수관리 관련 법령, 농산물우수관리시설기준, 농산물우수관리시설 관리실무 등의 교육을 받은 사람이어야 한다.
         가) 「고등교육법」 제2조제1호에 따른 대학에서 학사학위를 취득한 사람 또는 이와 같은 수준 이상의 학력이 있다고 인정되는 사람
         나) 「고등교육법」 제2조제4호에 따른 전문대학에서 전문학사학위를 취득한 사람 또는 이와 같은 수준 이상의 학력이 있다고 인정되는 사람으로서 농업 관련 기업체·연구소·기관 및 단체 등에서 농산물의 품질관리업무를 2년 이상 담당한 경력(학위 취득 또는 학력 인정 전의 경력을 포함한다)이 있는 사람
         다) 「국가기술자격법」에 따른 농림분야의 기술사·기사·산업기사 또는 법 제105조에 따른 농 산물품질관리사 자격증을 소지한 사람. 다만, 산업기사 자격증을 소지한 사람은 농업 관련 기업체·연구소·기관 및 단체 등에서 농산물의 품질관리업무를 2년 이상 담당한 경력(자 격 취득 전의 경력을 포함한다)이 있는 사람이어야 한다.
         라) 농업 관련 기업체·연구소·기관 및 단체 등에서 농산물의 품질관리업무를 3년 이상 담당 한 경력이 있는 사람
         마) 그 밖에 농산물의 품질관리업무에 4년 이상 종사한 것으로 인정된 사람. 다만, 농가나 생산 자조직에서 자체 생산한 농산물의 수확 후 관리를 위해 보유한 산지유통시설의 경우는 농 산물의 품질관리업무에 2년 이상 종사(영농에 종사한 기간을 포함한다)한 것으로 인정된 사람이어야 한다.
2. 시설
   가. 농산물우수관리시설은 법 제6조제1항에 따른 농산물우수관리기준에 따라 관리되어야 한다.
   나. 농산물우수관리시설은 아래와 같은 시설기준을 충족할 수 있어야 한다.
      1) 법 제11조제1항제1호에 따른 미곡종합처리장 및 곡류의 수확 후 관리 시설

	시설기준	비고
시설물	가) 곡물의 수확 후 처리시설 및 완제품 보관시설이 설치된 건축물의 위치는 제품이 나쁜 영향을 받지 않도록 축산폐수·화학물질 및 그 밖의 오염물 질의 발생시설로부터 격리되어 있어야 한다.	
	나) 시설물 및 시설물이 설치된 부지는 깨끗하게 관리되어야 한다.	

	시설기준	비고
건조 저장 시설	가) 건조 및 저장시설은 잔곡(殘穀)이 발생하지 않거나, 잔곡 청소가 가능한 구조로 설치되어야 한다.	
	나) 저장시설에는 통풍, 냉각 등 곡온(穀溫: 곡식의 온도)을 낮출 수 있는 장치 및 곡온을 측정할 수 있는 온도장치가 설치되어야 하며, 곡온을 점검할 수 있어야 한다.	
	다) 저장시설은 쥐 등이 침입할 수 없는 구조여야 하며, 저장시설 내에는 농약 등 곡물에 나쁜 영향을 미칠 수 있는 물질이 곡물과 같이 보관되지 않아야 한다.	
작업장	가) 원료 곡물을 가공하여 포장하는 작업장은 반입, 건조 및 저장 시설은 물론 부산물실과 분리(벽·층 등으로 별도의 방 또는 공간으로 구별되는 경우를 말한다. 이하 이 표에서 같다)되거나 구획(칸막이·커튼 등으로 구별되는 경우를 말한다. 이하 이 표에서 같다)되어야 한다.	
	나) 쌀 가공실은 현미부, 백미부, 포장부, 완제품 보관부, 포장재 보관부가 각각 격리되거나 칸막이 등으로 구획되어야 한다.	
	다) 바닥은 하중과 충격에 잘 견디는 견고한 재질이어야 하며, 파여 있거나 심하게 갈라진 틈이나 구멍이 없어야 한다.	
	라) 내벽과 천장의 자재는 곡물에 나쁜 영향을 주지 않는 자재가 사용되어야 하며, 먼지나 이물질이 쌓여 있지 않도록 청결하게 관리해야 한다.	
	마) 출입문은 견고하고 밀폐가 가능해야 하고, 완제품 보관부 등의 지게차 출입이 잦은 출입문은 이중문으로 하되, 외문은 견고하고 밀폐가 가능해야 하며 내문은 신속하게 여닫을 수 있고 분진 유입 등을 방지할 수 있는 구조로 설치되어야 한다.	
	바) 창문은 밀폐되어 있어야 하며, 해충 등의 침입을 방지하기 위해 고정식 방충망을 설치해야 한다.	
	사) 집진(集塵)을 위한 외부 공기 도입구가 설치되어야 하며, 외부 공기 도입구에는 먼지나 이물질 등이 유입되지 않도록 필터를 설치하고 깨끗하게 관리해야 한다.	
	아) 채광 및 조명은 작업환경에 적정한 조도를 유지해야 하며, 조명설비는 파손이나 이물질 낙하로 인한 오염을 방지하기 위해 커버나 덮개를 설치해야 한다.	
	자) 작업장에서 발생하는 부산물은 먼지가 최소화되도록 수집되어야 하며, 구획된 목적과 다르게 작업장 내에 부산물, 완제품 및 포장재 등이 방치되거나 적재되어 있지 않도록 관리되어야 한다.	
	차) 작업장을 깨끗하고 위생적으로 관리하기 위한 흡인식 청소시스템이 구비되어야 한다.	

시설기준		비고
가공 설비	가) 이송설비, 이송관, 저장용기 등 가공설비에서 도정된 곡물과 직접 접촉하는 부분은 스테인리스 강(鋼) 등과 같이 매끄럽고 내부식성(耐腐蝕性)이어야 하며, 구멍이나 균열이 없어야 한다.	
	나) 가공설비에는 쥐 등이 내부로 침입하지 못하도록 침입방지설비가 설치되어야 한다.	
	다) 각 단위기계, 이송설비 및 저장용기는 잔곡이 있는지를 쉽게 파악하고 청소할 수 있는 구조여야 하며, 청결하게 관리되어야 한다.	
	라) 곡물에 섞여 있는 이물질 및 다른 곡물의 낟알을 충분하게 제거하기 위한 선별장치가 설치되어야 한다.	
집진 설비 및 부산 물실	가) 분진 발생으로 인한 교차오염을 방지하기 위해 집진설비 등은 작업장과 분리되어 설치되어야 한다.	
	나) 반입, 건조저장 및 가공설비에서 발생하는 분진 및 분말 등의 제거를 위한 집진설비가 충분하게 갖춰져 있어야 하며, 집진설비는 사용에 지장이 없는 상태로 관리되어야 한다.	
	다) 겉겨실·속겨실 및 그 밖의 부산물실은 내부에서 발생하는 분진이 외부에 유출되지 않는 구조여야 한다.	
수처리 설비	가) 곡물의 세척 또는 가공에 사용되는 물은 「먹는물관리법」에 따른 먹는물 수질 기준에 적합해야 한다. 지하수 등을 사용하는 경우 취수원은 화장실, 폐기물처리설비, 동물사육장, 그 밖에 지하수가 오염될 우려가 있는 장소로부터 20미터 이상 떨어진 곳에 있어야 한다.	
	나) 곡물에 사용되는 용수가 지하수일 경우에는 1년에 1회 이상 먹는물 수질 기준에 적합한지 여부를 확인해야 한다.	
	다) 용수저장용기는 밀폐가 되는 덮개 및 잠금장치를 설치하여 오염물질의 유입을 사전에 방지할 수 있는 구조여야 한다.	
위생 관리	가) 화장실은 작업장과 분리하여 수세식으로 설치하여 청결하게 관리되어야 하며, 손 세척 및 건조 설비(일회용 티슈를 사용하는 곳은 제외한다)을 갖춰야 한다.	
	나) 작업장 종사자를 위한 위생복장을 갖추어야 하고, 탈의실을 설치해야 한다.	
	다) 청소 설비 및 기구를 보관할 수 있는 전용공간을 마련해야 한다.	
그 밖의 시설	가) 폐기물처리설비는 작업장과 떨어진 곳에 설치되어야 한다.	
	나) 폐수처리시설 설치가 필요할 경우 작업장과 떨어진 곳에 설치되어야 한다.	
관리 유지	농산물우수관리시설의 효율적 관리를 위하여 작업공정도, 기계설비 배치도, 점검기준 및 관리일지(작업장, 기계설비, 저장시설, 화장실) 등을 갖추어야 한다.	

2) 법 제11조제1항제2호·제3호에 따른 농수산물산지유통센터 및 농산물의 수확 후 관리 시설

시설기준		품목군		비고
		비세척	세척	
시설물	가) 농산물의 수확 후 관리시설과 원료 및 완제품의 보관시설 등이 설비된 시설물의 위치는 농산물이 나쁜 영향을 받지 않도록 축산폐수·화학물질 그 밖의 오염물질 발생시설로부터 격리되어 있어야 한다.			
	나) 시설물 및 시설물이 설치된 부지는 깨끗하게 관리되어야 한다.			
작업장	가) 작업장은 농산물의 수확 후 관리를 위한 작업실을 말하며 선별, 세척 및 포장 등의 작업구역은 분리되거나 구획되어야 한다. 다만, 작업공정의 자동화 또는 농산물의 특수성으로 인하여 분리 또는 구획할 필요가 없다고 인정되는 경우에는 분리 또는 구획을 하지 않을 수 있다.			
	나) 바닥은 충격에 잘 견디는 견고한 재질이어야 하며, 파여 있거나 심하게 갈라진 틈이나 구멍이 없어야 한다. 다만, 세척이 필요한 농산물의 경우에는 경사지게 하여 배수가 잘 되도록 해야 한다.			
	다) 배수로는 배수 및 청소가 용이하고 교차오염이 발생되지 않도록 설치하고 폐수가 역류하거나 퇴적물이 쌓이지 않도록 설비해야 하며, 배수구에는 곤충이나 설치류 등의 침입을 방지하기 위한 설비를 갖춰야 한다.	✕		
	라) 내벽은 갈라진 틈이나 구멍이 없어야 한다. 다만, 세척농산물의 세척, 포장 작업장은 내수성(耐水性)으로 설비하고 먼지 등이 쌓이거나 미생물 등의 번식이 우려되는 돌출부위(H빔 등)가 보이지 않도록 시공해야 한다.	✕		
	마) 천장은 농산물에 나쁜 영향을 주지 않는 자재를 사용해야 하며, 먼지나 이물질이 쌓여 있지 않도록 청결하게 관리해야 한다. 다만, 세척농산물의 세척, 포장 작업장의 천장은 먼지 등이 쌓이거나 미생물 등의 번식이 우려되는 돌출부위(H빔·배관 등)가 보이지 않도록 시공해야 한다.			
	바) 출입구 및 창문은 밀폐되어 있어야 하며, 창문은 해충 등의 침입을 방지하기 위한 고정식 방충망을 설치해야 한다.			
	사) 채광 또는 조명은 작업환경에 적정한 조도를 유지해야 하며, 조명설비는 파손이나 이물질 낙하로 인한 오염을 방지하기 위해 커버나 덮개를 설치해야 한다.			
	아) 작업장 안에서 악취·유해가스, 매연·증기 등이 발생할 경우 이를 제거하는 환기설비 등을 갖추고 있어야 한다.			
	자) 작업공정에 분진, 분말 등이 발생할 경우 이를 제거하는 집진설비를 갖추고 있어야 한다.			
	차) 작업장 내 배관은 청결하게 관리되어야 한다.	✕		

시설기준		품목군		비고
		비세척	세척	
수확 후 관리 설비	가) 농산물을 수확 후 관리하는 데 필요한 기계·기구류 등 설비는 농산물의 특성에 따라 갖추어 관리되어야 한다.			
	나) 세척이 필요한 농산물의 취급설비 중 농산물과 직접 접촉하는 부분은 매끄럽고 내부식성이어야 하고, 구멍이나 균열이 없어야 하며, 세척 및 소독 작업이 가능해야 한다.	X		
	다) 냉각 및 가열처리 설비에는 온도계나 온도를 측정할 수 있는 기구를 설치해야 하며, 적정 온도가 유지되도록 관리해야 한다.	X		
	라) 수확 후 관리 설비는 정기적으로 점검하여 위생적으로 관리해야 하며, 그 결과를 보관해야 한다.			
수처리 설비	가) 수확 후 농산물의 세척에 사용되는 용수는 「먹는물관리법」에 따른 먹는물 수질기준에 적합해야 한다. 지하수 등을 사용하는 경우 취수원은 화장실·폐기물처리시설·동물 사육장, 그 밖에 지하수가 오염될 우려가 있는 장소로부터 20미터 이상 떨어진 곳에 있어야 한다.	X		
	나) 수확 후 세척에 사용되는 용수가 지하수일 경우에는 1년에 1회 이상 먹는물 수질 기준에 적합한지 여부를 검사해야 한다.	X		
	다) 용수저장탱크는 밀폐가 되는 덮개 및 잠금장치를 설치하여 오염물질의 유입을 사전에 방지할 수 있는 구조여야 한다.	X		
저장 (예냉) 시설	가) 저장(예냉)시설은 농산물 수확 후 원물(原物) 및 농산품의 품질관리를 위한 저온시설을 말하며, 작업장과 분리하여 설치해야 한다. 다만, 대상 농산물이 저온저장(예냉)을 할 필요가 없다고 인정되는 경우에는 설치하지 않을 수 있다.			
	나) 벽체 및 천장의 내벽은 내수성을 가진 단열 패널로 마감 처리하는 것을 원칙으로 한다.			
	다) 창문이나 출입문은 조류, 설치류와 가축의 접근을 막기 위한 방충망을 설치해야 한다. 다만, 저장시설의 출입문이 작업장 내부에 있는 경우에는 출입문 방충망을 설치하지 않을 수 있다.			
	라) 냉장(냉동, 냉각)이 필요한 농산물은 냉기가 잘 흐르도록 적재가 가능한 팰릿(pallet) 등을 갖추어 적절한 온도관리가 되어야 한다.			
	마) 냉장(냉동, 냉각)실에 설치되어 있는 온도장치의 감온봉(感溫棒)은 가장 온도가 높은 곳이나 온도관리가 적절한 곳에 설치하며, 외부에서 온도를 관찰할 수 있어야 한다.			

시설기준		품목군		비고
		비세척	세척	
수송·운반장비	가) 운송차량은 운송 중인 농산물이 외부로부터 오염되지 않도록 관리되어야 하며, 냉장유통이 필요한 농산물은 냉장탑차를 이용해야 한다.			
	나) 수송 및 운반에 사용되는 용기는 세척하기 쉬워야 하며, 필요한 경우 소독과 건조가 가능해야 한다.	✕		
	다) 수송, 운반, 보관 등 물류기기는 깨끗하고 위생적으로 관리되어야 한다.	✕		
위생관리	가) 화장실은 작업장과 분리하여 수세식으로 설치해야 하며, 손 세척 및 건조설비(일회용 티슈를 사용하는 곳은 제외한다)를 갖춰야 한다.			
	나) 화장실의 청결상태를 정기적으로 점검하고 청소하여 위생적으로 관리해야 한다.			
	다) 적절한 청소 설비 및 기구를 전용보관 장소에 갖추어 두어야 한다.			
그 밖의 시설	가) 폐기물처리설비가 필요할 경우 폐기물처리설비는 작업장과 떨어진 곳에 설치·운영되어야 한다.			
	나) 폐수처리시설은 작업장과 떨어진 곳에 설치·운영되어야 한다. 다만, 단순세척을 할 경우에는 폐수처리시설을 갖추지 않을 수 있다.	✕		
관리유지	농산물우수관리시설의 효율적 관리를 위해 작업공정도, 기계설비 배치도, 점검기준 및 관리일지(작업장, 기계설비, 저장시설 및 화장실) 등을 갖춰야 한다.			

3. 농산물우수관리시설 업무규정

농산물우수관리시설 업무규정에는 다음 각 목에 관한 사항이 포함되어야 한다.

가. 수확 후 관리 품목

나. 우수관리인증농산물의 취급 방법

다. 수확 후 관리 시설의 관리 방법

라. 우수관리인증농산물의 품목별 수확 후 관리 절차

마. 농산물우수관리시설 근무자의 준수사항 마련 및 자체관리·감독에 관한 사항

바. 농산물우수관리시설 근무자 교육에 관한 사항

사. 그 밖에 국립농산물품질관리원장이 농산물우수관리시설의 업무수행에 필요하다고 인정하여 고시하는 사항

06 수확한 농산물의 수분손실을 줄이기 위한 방법으로 옳으면 ○, 틀리면 ×를 순서대로 모두 쓰시오. [5점]

> • 진공식보다 차압식 예냉 방식을 선택한다. ·······································(①)
> • 저장고의 밀폐도를 높이고 가습기를 설치한다. ·······························(②)
> • 저장고 냉기 유속을 빠르게 유지한다. ···(③)
> • 저장고의 증발코일에 응축된 수분은 신속히 제거한다. ·····················(④)

정답 ① × ② ○ ③ × ④ ○

해설 ① 예냉은 증산억제 및 수분손실 억제의 효과가 있다. 진공예냉식은 예냉소요시간이 20~40분으로서 차압통풍식(예냉소요시간 2~6시간)보다 예냉효율이 좋다.
② 저장고의 밀폐도를 높이고 가습기를 설치하면 저장고 내부의 습도가 높아지므로 증산이 억제된다.
③ 바람속도가 빠르면 증산이 촉진된다.
④ 증발코일에 응축된 수분이 신속히 제거될수록 저장고 내부의 저온 유지가 잘 되어 증발은 억제된다.

07 아래 (   )에 들어갈 내용을 〈보기〉에서 모두 찾아 순서대로 쓰시오. [4점]

> 과일의 유기산 함량은 착과 후 성숙단계에 이르기까지 (①)하며, 숙성이 진행되면 급격히 (②)한다. 유기산의 상대적 함량을 측정하기 위해 일정한 (③)의 과즙에 0.1N (④)용액을 첨가하여 pH 8.2까지 적정한 후 적정산도를 산출한다.

┤ 보기 ├

감소   증가   부피   중량   NaCl   NaOH

정답 ① 증가 ② 감소 ③ 부피 ④ NaOH

해설 적정산도는 염기표준용액(0.1N NaOH)으로 적정하여 산출한다.

08 세 농가에서 수집된 '후지' 사과를 농가별로 요오드검사를 실시한 후, 사과 절단면의 청색부분 면적을 측정하여 아래와 같은 결과를 얻었다. 다음 물음에 답하시오. [6점]

> A 농가: 절단면의 50%　　　 B 농가: 절단면의 30%　　　 C 농가: 절단면의 10%

① 요오드검사에서 측정하고자 하는 대상 성분을 쓰시오.
② 오래 저장할 수 있는 농가를 순서대로 나열하시오.

정답 ① 전분 ② A, B, C

해설 ㉠ 요오드반응 검사는 전분함량을 측정하는 검사이다. 전분은 요오드와 결합될 때 청색으로 변하기 때문에 과일을 요오드화칼륨용액에 담가서 색깔의 변화를 관찰하여 청색의 면적이 작으면 전분함량이 적은 것으로 판단한다.
　　 ㉡ 과일은 성숙되면서 전분이 당으로 변하기 때문에 잘 익은 과일일수록 전분의 함량이 적다. 미숙과일수록(요오드검사에거 청색부분의 면적이 클수록) 장기저장에 유리하다.

09 다음은 생강이나 고구마와 같이 땅속에서 자라는 작물의 치유처리에 관한 설명이다. ①~④ 중 틀린 설명 2가지를 찾아 번호를 쓰고, 옳게 수정하시오. [4점]

> ① 상대습도가 높을수록 치유 효과가 높아진다.
> ② 미생물 증식을 고려하여 치유처리 시 35℃ 이상은 피한다.
> ③ 상처부위에 펙틴과 같은 치유 조직이 형성된다.
> ④ 치유 조직은 증산에 대한 저항성을 낮춰준다.

정답 ③ 상처부위에 코르크층과 같은 치유 조직이 형성된다.
　　 ④ 치유 조직은 증산에 대한 저항성을 높여 준다.

해설 큐어링(curing, 치유)은 원예산물의 상처를 아물게 하고 코르크층을 형성시켜 수분의 증발을 막으며 미생물의 침입을 방지한다. 고구마는 수확 후 1주일 이내에 온도 30~33℃, 습도 85~90%에서 4~5일간 큐어링한 후 열을 방출시키고 저장하면 상처가 치유되고 당분함량이 증가한다.

10 다음은 과실의 품질 유지를 위해 사용되는 각종 기술에 관한 설명이다. 수확 전·후 처리 기술이 잘못 설명된 곳을 ①~④ 모두에서 1군데씩 찾아 옳게 수정하시오. [4점]

> ① 단감은 과피흑변을 줄이기 위해 수확기 관수량을 늘리고 LDPE 필름으로 밀봉한다.
> ② 사과는 껍질덴병을 예방하기 위해 적기에 수확하며 훈증을 실시한다.
> ③ 배는 과피흑변을 막기 위해 재배 중 질소질 시비량을 늘리며 예건을 실시한다.
> ④ 감귤은 껍질의 강도를 높이고 산미를 감소시키기 위해 예냉을 실시한다.

정답 ① 수확기 관수량을 줄이고
② 적기에 수확하며 항산화제를 처리한다.
③ 질소질 시비량을 줄이며
④ 산미를 감소시키기 위해 예조를 실시한다.

해설 ① 단감의 과피흑변은 과피에 상처가 생기면 탄닌성 물질인 폴리페놀이 산화됨으로써 발생한다. 이에 대한 대책으로는 수확기에 관수량을 줄이고 저밀도 폴리에틸렌 필름으로 낱개 밀봉함으로써 산화를 억제하여야 한다.
② 사과의 껍질덴병은 주로 저장 중에 발생한다. 조기수확, 질소시비 과다, 칼슘 부족, 저장고의 고산소 농도 등은 껍질덴병의 발생을 촉진시킨다. 사과의 껍질덴병 예방을 위해서는 적기에 수확하고, 수확 후 항산화제에 침지한 후 저장한다.
③ 배의 과피흑변은 재배시 질소질 비료를 과다 사용하거나, 수확 후 예건이 제대로 되지 않은 경우에 발생하기 쉽다.
④ 예조란 과실을 가볍게 건조 처리(3% 감량 수준)하는 것을 말한다.

※ 서술형 문제에 대해 답하시오. (11~20번 문제)

11 A그룹(감귤류, 딸기, 포도 등)의 작물은 완전히 익은 후에 수확하나, B그룹(바나나, 토마토, 키위 등)의 작물은 완전히 익기 전에도 수확할 수 있다. A, B 그룹의 호흡 유형을 분류하여 숙성 특성을 비교 설명하시오. [6점]

> (정답) • A그룹: 비호흡상승과(non-climacteric fruits)
> 숙성단계에서도 호흡의 증가를 나타내지 않는 과실로서 호흡상승과에 비해 숙성의 속도가 느리다.
> • B그룹: 호흡상승과(climacteric fruits)
> 숙성단계에서 호흡이 현저하게 증가하는 과실로서 장기간 저장하고자 할 경우 완숙기보다 조금 일찍 수확하는 것이 바람직하다.

12 일반음식점 영업을 하는 ○○식당은 〈메뉴판〉에 원산지 표시를 하지 않고 영업을 하다가 원산지 미표시로 적발되어 과태료를 부과받았다. ① 과태료 부과 총금액을 쓰고, (②~⑤) 품목별로 표시대상 원료인 농축산물명과 그 원산지를 표시하시오. (단, 감경사유가 없는 1차 위반의 경우이며, 〈메뉴판〉 음식은 각각 10인분을 당일 판매완료하였으며, 모든 원료 및 재료는 국내산이며 소고기는 한우임) [6점]

〈메뉴판〉

소갈비(②)	30,000원(1인분)
돼지갈비(③)	12,000원(1인분)
콩국수(④)	7,000원(1그릇)
누룽지(⑤)	1,000원(1그릇)

> (정답) ① 190만 원(소고기 100, 돼지고기 30, 콩 30, 쌀 30)
> ② 소갈비(소고기: 국내산 한우)
> ③ 돼지갈비(돼지고기: 국내산)
> ④ 콩국수(콩: 국내산)
> ⑤ 누룽지(쌀: 국내산)

> (해설) 농수산물의 원산지 표시에 관한 법률(시행 2022. 1. 1.) 제5조(원산지 표시)
> ① 대통령령으로 정하는 농수산물 또는 그 가공품을 수입하는 자, 생산·가공하여 출하하거나 판매(통신판매를 포함한다. 이하 같다)하는 자 또는 판매할 목적으로 보관·진열하는 자는 다음 각 호에 대하여 원산지를 표시하여야 한다. 〈개정 2016. 12. 2.〉
> 1. 농수산물
> 2. 농수산물 가공품(국내에서 가공한 가공품은 제외한다)
> 3. 농수산물 가공품(국내에서 가공한 가공품에 한정한다)의 원료

② 다음 각 호의 어느 하나에 해당하는 때에는 제1항에 따라 원산지를 표시한 것으로 본다. 〈개정 2011. 7. 21., 2011. 11. 22., 2015. 6. 22., 2016. 12. 2., 2020. 2. 18.〉

1. 「농수산물 품질관리법」 제5조 또는 「소금산업 진흥법」 제33조에 따른 표준규격품의 표시를 한 경우

2. 「농수산물 품질관리법」 제6조에 따른 우수관리인증의 표시, 같은 법 제14조에 따른 품질인증품의 표시 또는 「소금산업 진흥법」 제39조에 따른 우수천일염인증의 표시를 한 경우

2의2. 「소금산업 진흥법」 제40조에 따른 천일염생산방식인증의 표시를 한 경우

3. 「소금산업 진흥법」 제41조에 따른 친환경천일염인증의 표시를 한 경우

4. 「농수산물 품질관리법」 제24조에 따른 이력추적관리의 표시를 한 경우

5. 「농수산물 품질관리법」 제34조 또는 「소금산업 진흥법」 제38조에 따른 지리적표시를 한 경우

5의2. 「식품산업진흥법」 제22조의2 또는 「수산식품산업의 육성 및 지원에 관한 법률」 제30조에 따른 원산지인증의 표시를 한 경우

5의3. 「대외무역법」 제33조에 따라 수출입 농수산물이나 수출입 농수산물 가공품의 원산지를 표시한 경우

6. 다른 법률에 따라 농수산물의 원산지 또는 농수산물 가공품의 원료의 원산지를 표시한 경우

③ 식품접객업 및 집단급식소 중 대통령령으로 정하는 영업소나 집단급식소를 설치·운영하는 자는 다음 각 호의 어느 하나에 해당하는 경우에 그 농수산물이나 그 가공품의 원료에 대하여 원산지(소고기는 식육의 종류를 포함한다. 이하 같다)를 표시하여야 한다. 다만, 「식품산업진흥법」 제22조의2 또는 「수산식품산업의 육성 및 지원에 관한 법률」 제30조에 따른 원산지인증의 표시를 한 경우에는 원산지를 표시한 것으로 보며, 소고기의 경우에는 식육의 종류를 별도로 표시하여야 한다. 〈개정 2015. 6. 22., 2020. 2. 18., 2021. 4. 13.〉

1. 대통령령으로 정하는 농수산물이나 그 가공품을 조리하여 판매·제공(배달을 통한 판매·제공을 포함한다)하는 경우

2. 제1호에 따른 농수산물이나 그 가공품을 조리하여 판매·제공할 목적으로 보관하거나 진열하는 경우

④ 제1항이나 제3항에 따른 표시대상, 표시를 하여야 할 자, 표시기준은 대통령령으로 정하고, 표시방법과 그 밖에 필요한 사항은 농림축산식품부와 해양수산부의 공동 부령으로 정한다. 〈개정 2013. 3. 23.〉

■ 농수산물의 원산지 표시 등에 관한 법률 시행령 [별표 2] 〈개정 2022. 3. 15.〉

과태료의 부과기준(제10조 관련)

1. 일반기준

가. 위반행위의 횟수에 따른 과태료 가중된 부과기준은 최근 2년간 같은 유형(제2호 각목을 기준으로 구분한다)의 위반행위로 과태료 부과처분을 받은 경우에 적용한다. 이 경우 기간의 계산은 위반행위에 대하여 과태료 부과처분을 받은 날과 그 처분 후 다시 같은 위반행위를 하여 적발된 날을 기준으로 한다.

나. 가목에 따라 가중된 부과처분을 하는 경우 가중처분의 적용 차수는 그 위반행위 전 부과처분 차수(가목에 따른 기간 내에 과태료 부과처분이 둘 이상 있었던 경우에는 높은 차수를 말한다)의 다음 차수로 한다.

다. 부과권자는 다음의 어느 하나에 해당하는 경우에는 제2호의 개별기준에 따른 과태료 금액의 2분의 1 범위에서 그 금액을 줄일 수 있다. 다만, 과태료를 체납하고 있는 위반행위자에 대해서는 그렇지 않다.

1) 위반행위자가 자연재해·화재 등으로 재산에 현저한 손실이 발생했거나 사업여건의 악화로 중대한 위기에 처하는 등의 사정이 있는 경우

2) 그 밖에 위반행위의 정도, 위반행위의 동기와 그 결과 등을 고려하여 과태료를 줄일 필요가 있다고 인정되는 경우

라. 부과권자는 다음의 어느 하나에 해당하는 경우에는 제2호의 개별기준에 따른 과태료 금액의 2분의 1 범위에서 그 금액을 늘릴 수 있다. 다만, 늘리는 경우에도 법 제18조제1항 및 제2항에 따른 과태료 금액의 상한을 넘을 수 없다.

1) 위반의 내용·정도가 중대하여 이해관계인 등에게 미치는 피해가 크다고 인정되는 경우

2) 그 밖에 위반행위의 정도, 위반행위의 동기와 그 결과 등을 고려하여 과태료를 늘릴 필요가 있다고 인정되는 경우

2. 개별기준

위반행위	근거 법조문	과태료			
		1차 위반	2차 위반	3차 위반	4차 이상 위반
가. 법 제5조제1항을 위반하여 원산지 표시를 하지 않은 경우	법 제18조 제1항제1호	5만 원 이상 1,000만 원 이하			
나. 법 제5조제3항을 위반하여 원산지 표시를 하지 않은 경우	법 제18조 제1항제1호				
1) 소고기의 원산지를 표시하지 않은 경우		100만 원	200만 원	300만 원	300만 원
2) 소고기 식육의 종류만 표시하지 않은 경우		30만 원	60만 원	100만 원	100만 원
3) 돼지고기의 원산지를 표시하지 않은 경우		30만 원	60만 원	100만 원	100만 원
4) 닭고기의 원산지를 표시하지 않은 경우		30만 원	60만 원	100만 원	100만 원
5) 오리고기의 원산지를 표시하지 않은 경우		30만 원	60만 원	100만 원	100만 원
6) 양고기 또는 염소고기의 원산지를 표시하지 않은 경우		품목별 30만 원	품목별 60만 원	품목별 100만 원	품목별 100만 원
7) 쌀의 원산지를 표시하지 않은 경우		30만 원	60만 원	100만 원	100만 원
8) 배추 또는 고춧가루의 원산지를 표시하지 않은 경우		30만 원	60만 원	100만 원	100만 원
9) 콩의 원산지를 표시하지 않은 경우		30만 원	60만 원	100만 원	100만 원
10) 넙치, 조피볼락, 참돔, 미꾸라지, 뱀장어, 낙지, 명태, 고등어, 갈치, 오징어, 꽃게, 참조기, 다랑어, 아귀 및 주꾸미의 원산지를 표시하지 않은 경우		품목별 30만 원	품목별 60만 원	품목별 100만 원	품목별 100만 원

위반행위	근거 법조문	과태료			
		1차 위반	2차 위반	3차 위반	4차 이상 위반
11) 살아있는 수산물의 원산지를 표시하지 않은 경우		5만 원 이상 1,000만 원 이하			
다. 법 제5조제4항에 따른 원산지의 표시방법을 위반한 경우	법 제18조 제1항제2호	5만 원 이상 1,000만 원 이하			
라. 법 제6조제4항을 위반하여 임대점포의 임차인 등 운영자가 같은 조 제1항 각 호 또는 제2항 각 호의 어느 하나에 해당하는 행위를 하는 것을 알았거나 알 수 있었음에도 방치한 경우	법 제18조 제1항제3호	100만 원	200만 원	400만 원	400만 원
마. 법 제6조제5항을 위반하여 해당 방송채널 등에 물건 판매중개를 의뢰한 자가 같은 조 제1항 각 호 또는 제2항 각 호의 어느 하나에 해당하는 행위를 하는 것을 알았거나 알 수 있었음에도 방치한 경우	법 제18조 제1항제3호의2	100만 원	200만 원	400만 원	400만 원
바. 법 제7조제3항을 위반하여 수거·조사·열람을 거부·방해하거나 기피한 경우	법 제18조 제1항제4호	100만 원	300만 원	500만 원	500만 원
사. 법 제8조를 위반하여 영수증이나 거래명세서 등을 비치·보관하지 않은 경우	법 제18조 제1항제5호	20만 원	40만 원	80만 원	80만 원
아. 법 제9조의2제1항에 따른 교육이수 명령을 이행하지 않은 경우	법 제18조 제2항제1호	30만 원	60만 원	100만 원	100만 원
자. 법 제10조의2제1항을 위반하여 유통이력을 신고하지 않거나 거짓으로 신고한 경우	법 제18조 제2항제2호				
1) 유통이력을 신고하지 않은 경우		50만 원	100만 원	300만 원	500만 원
2) 유통이력을 거짓으로 신고한 경우		100만 원	200만 원	400만 원	500만 원
차. 법 제10조의2제2항을 위반하여 유통이력을 장부에 기록하지 않거나 보관하지 않은 경우	법 제18조 제2항제3호	50만 원	100만 원	300만 원	500만 원

위반행위	근거 법조문	과태료			
		1차 위반	2차 위반	3차 위반	4차 이상 위반
카. 법 제10조의2제3항을 위반하여 유통이력 신고의무가 있음을 알리지 않은 경우	법 제18조 제2항제4호	50만 원	100만 원	300만 원	500만 원
타. 법 제10조의3제2항을 위반하여 수거·조사 또는 열람을 거부·방해 또는 기피한 경우	법 제18조 7제2항제5호	100만 원	200만 원	400만 원	500만 원

13 농수산물 품질관리법령상 지리적표시 등록심의 분과위원회에서 지리적표시 무효심판을 청구할 수 있는 경우 1가지만 쓰시오. [3점]

(정답) ① 제32조제9항에 따른 등록거절 사유에 해당함에도 불구하고 등록된 경우
② 제32조에 따라 지리적표시 등록이 된 후에 그 지리적표시가 원산지 국가에서 보호가 중단되거나 사용되지 아니하게 된 경우

(해설) **농수산물 품질관리법 [시행 2022. 6. 22.]**
제43조(지리적표시의 무효심판)
① 지리적표시에 관한 이해관계인 또는 제3조제6항에 따른 지리적표시 등록심의 분과위원회는 지리적표시가 다음 각 호의 어느 하나에 해당하면 무효심판을 청구할 수 있다. 〈개정 2020. 2. 18.〉
1. 제32조제9항에 따른 등록거절 사유에 해당하는 경우에도 불구하고 등록된 경우
2. 제32조에 따라 지리적표시 등록이 된 후에 그 지리적표시가 원산지 국가에서 보호가 중단되거나 사용되지 아니하게 된 경우
② 제1항에 따른 심판은 청구의 이익이 있으면 언제든지 청구할 수 있다.
③ 제1항제1호에 따라 지리적표시를 무효로 한다는 심결이 확정되면 그 지리적표시권은 처음부터 없었던 것으로 보고, 제1항제2호에 따라 지리적표시를 무효로 한다는 심결이 확정되면 그 지리적표시권은 그 지리적표시가 제1항제2호에 해당하게 된 때부터 없었던 것으로 본다.
④ 심판위원회의 위원장은 제1항의 심판이 청구되면 그 취지를 해당 지리적표시권자에게 알려야 한다.

14 농산물품질관리사가 포도(거봉) 1상자(5kg)에 대해서 점검한 결과가 다음과 같을 때 낱개의 고르기 등급과 그 이유를 쓰시오. (단, 주어진 항목 이외는 등급판정에 고려하지 않음) [5점]

• 포도(거봉) 송이별 무게 구분	• 350g ~ 379g 범위: 720g • 380g ~ 399g 범위: 770g • 400g ~ 419g 범위: 830g • 420g ~ 449g 범위: 2,220g • 450g ~ 469g 범위: 460g

낱개의 고르기	등급판정 이유
등급: (①)	이유: (②)

정답 ① 등급: 상
② 이유: 낱개의 고르기 항목이 29.8%로 「상」 등급 기준인 30% 이하에 해당됨

해설 L 3,510g, M 1,490g이므로, 낱개의 고르기는 1,490 / (3,510 + 1,490) × 100 = 29.8%이다.

농산물 표준규격 [시행 2020. 10. 14.] [국립농산물품질관리원고시 제2020-16호, 2020. 10. 14., 일부개정]

농산물 표준규격
포 도

[규격번호: 1041]

Ⅰ. **적용 범위**

본 규격은 국내에서 생산되어 신선한 상태로 유통되는 포도에 적용하며, 가공용 또는 수출용에는 적용하지 않는다.

Ⅱ. **등급 규격**

항목＼등급	특	상	보통
① 낱개의 고르기	별도로 정하는 크기 구분표 [표 1]에서 무게가 다른 것이 10% 이하인 것. 단, 크기 구분표의 해당 무게에서 1단계를 초과할 수 없다.	별도로 정하는 크기 구분표 [표 1]에서 무게가 다른 것이 30% 이하인 것. 단, 크기 구분표의 해당 무게에서 1단계를 초과할 수 없다.	특·상에 미달하는 것
② 색택	품종 고유의 색택을 갖추고, 과분의 부착이 양호한 것	품종고유의 색택을 갖추고, 과분의 부착이 양호한 것	특·상에 미달하는 것
③ 낱알의 형태	낱알 간 숙도와 크기의 고르기가 뛰어난 것	낱알 간 숙도와 크기의 고르기가 양호 한 것	특·상에 미달하는 것

항목 \ 등급	특	상	보통
④ 중결점과	없는 것	없는 것	5% 이하인 것(부패·변질과는 포함할 수 없음)
⑤ 경결점과	없는 것	5% 이하인 것	20% 이하인 것

[표 1] 크기 구분

품 종 \ 호 칭		2L	L	M	S
1 송이의 무게(g)	마스캇베일리에이 및 이와 유사한 품종	650 이상	500 이상 ~ 650 미만	350 이상 ~ 500 미만	350 미만
	거봉, 네오마스캇, 다노레드 및 이와 유사한 품종	500 이상	400 이상 ~ 500 미만	300 이상 ~ 400 미만	300 미만
	캠벨얼리 및 이와 유사한 품종	450 이상	350 이상 ~ 450 미만	300 이상 ~ 350 미만	300 미만
	새단 및 이와 유사한 품종	300 이상	250 이상 ~ 300 미만	200 이상 ~ 250 미만	200 미만
	델라웨어 및 이와 유사한 품종	150 이상	120 이상 ~ 150 미만	100 이상 ~ 120 미만	100 미만

용어의 정의

① 중결점과는 다음의 것을 말한다.
   ㉠ 이품종과: 품종이 다른 것
   ㉡ 부패, 변질과: 부패, 경화, 위축 등 변질된 것(과숙에 의해 육질이 변질된 것을 포함한다.)
   ㉢ 미숙과: 당도, 색택 등으로 보아 성숙이 현저하게 덜된 것
   ㉣ 병충해과: 탄저병, 노균병, 축과병 등 병해충의 피해가 있는 것
   ㉤ 피해과: 일소, 열과, 오염된 것 등의 피해가 현저한 것
② 경결점과는 다음의 것을 말한다.
   ㉠ 품종 고유의 모양이 아닌 것
   ㉡ 낱알의 밀착도가 지나치거나 성긴 것
   ㉢ 병해충의 피해가 경미한 것
   ㉣ 기타 결점의 정도가 경미한 것

15 한지형 마늘 1망(100개들이)을 농산물품질관리사가 점검한 결과이다. 낱개의 고르기 등급과 경결점의 비율을 쓰고, 종합판정 등급과 그 이유를 쓰시오. (단, 주어진 항목 이외는 등급판정에 고려하지 않음) [6점]

1개의 지름	항목별 계측결과
• 5.1 ~ 5.5cm: 15개 • 5.6 ~ 6.0cm: 40개 • 6.1 ~ 6.5cm: 30개 • 6.6 ~ 7.0cm: 15개	• 마늘쪽이 마늘통의 줄기로부터 1/4 이상 떨어져 나간 것: 2개 • 뿌리 턱이 빠진 것: 1개 • 뿌리가 난 것: 3개 • 벌마늘 인 것: 1개

낱개의 고르기	경결점	종합판정 등급 및 이유	
등급: (①)	비율: (②)%	등급: (③)	이유: (④)

정답 ① 낱개의 고르기 등급: 특
② 경결점 비율: 3%
③ 종합판정 등급: 보통
④ 낱개의 고르기 항목이 0%로 「특」 등급 기준인 10% 이하에 해당되며, 중결점 항목이 4%로 「보통」 등급기준인 5% 이하에 해당되고, 경결점 3%로 「특」 등급 기준인 5% 이하에 해당되어 낱개의 고르기 「특」, 중결점 「보통」, 경결점 「특」이므로 종합등급판정은 「보통」으로 판정함

해설 ① 모두 2L로서 낱개의 고르기 크기가 다른 것이 0%
② 100개 중 경결점 3개이므로 경결점 비율은 3%이다.

농산물 표준규격 [시행 2020. 10. 14.] [국립농산물품질관리원고시 제2020-16호, 2020. 10. 14., 일부개정]

농산물 표준규격
마 늘

[규격번호: 3021]

I. 적용 범위

본 규격은 국내에서 생산되어 신선한 상태로 유통되는 마늘(통마늘, 풋마늘)에 적용하며, 가공용 또는 수출용에는 적용하지 않는다.

II. 등급 규격

항목 \ 등급	특	상	보통
① 낱개의 고르기	별도로 정하는 크기 구분표 [표 1]에서 크기가 다른 것이 10% 이하인 것. 단, 크기 구분표의 해당 크기에서 1단계를 초과할 수 없다.	별도로 정하는 크기 구분표 [표 1]에서 크기가 다른 것이 20% 이하인 것. 단, 크기 구분표의 해당 크기에서 1단계를 초과할 수 없다.	특·상에 미달하는 것

항목 \ 등급	특	상	보통
② 모양	품종 고유의 모양이 뛰어나며, 각 마늘쪽이 충실하고 고른 것	품종 고유의 모양을 갖추고 각 마늘쪽이 대체로 충실하고 고른 것	특·상에 미달하는 것
③ 손질	• 통마늘의 줄기는 마늘통으로부터 2.0cm 이내로 절단한 것 • 풋마늘의 줄기는 마늘통으로부터 5.0cm 이내로 절단한 것	• 통마늘의 줄기는 마늘통으로부터 2.0cm 이내로 절단한 것 • 풋마늘의 줄기는 마늘통으로부터 5.0cm 이내로 절단한 것	• 통마늘 줄기는 마늘통으로부터 2.0cm 이내로 절단한 것 • 풋마늘의 줄기는 마늘통으로부터 5.0cm 이내로 절단한 것
④ 열구(난지형에 한한다)	20% 이하인 것	30% 이하인 것	특·상에 미달하는 것
⑤ 쪽마늘	4% 이하인 것	10% 이하인 것	15% 이하인 것
⑥ 중결점과	없는 것	없는 것	5% 이하인 것(부패·변질구는 포함할 수 없음)
⑦ 경결점과	5% 이하인 것	10% 이하인 것	20% 이하인 것

[표 1] 크기 구분

구분 \ 호칭		2L	L	M	S
1개의 지름 (cm)	한지형	5.0 이상	4.0 이상 ~ 5.0 미만	3.0 이상 ~ 4.0 미만	2.0 이상 ~ 3.0 미만
	난지형	5.5 이상	4.5 이상 ~ 5.5 미만	4.0 이상 ~ 4.5 미만	3.5 이상 ~ 4.0 미만

※ 크기는 마늘통의 최대 지름을 말한다.

용어의 정의

① 마늘의 구분은 다음과 같다.
   ㉠ 통마늘: 적당히 건조되어 저장용으로 출하되는 마늘
   ㉡ 풋마늘: 수확후 신선한 상태로 출하되는 마늘(4~6월 중에 출하되는 것에 한함)
② 열구: 마늘쪽의 일부 또는 전부가 줄기로부터 벌어져 있는 것으로 포장단위 전체 마늘에 대한 개수 비율을 말한다. 단, 마늘통 높이의 3/4 이상이 외피에 싸여 있는 것은 제외한다.
③ 쪽마늘: 포장단위별로 전체 마늘 중 마늘통의 줄기로부터 떨어져 나온 마늘쪽을 말한다.
④ 중결점구는 다음의 것을 말한다.
   ㉠ 병충해구: 병충해의 증상이 뚜렷하거나 진행성인 것
   ㉡ 부패, 변질구: 육질이 부패 또는 변질된 것
   ㉢ 형상불량구: 기형 및 벌마늘(완전한 줄기가 2개 이상 발생한 2차 생성구), 싹이 난 것, 뿌리가 난 것
   ㉣ 상해구: 기계적 손상이 마늘쪽의 육질에 미친 것

⑤ 경결점구는 다음의 것을 말한다.
　　㉠ 마늘쪽이 마늘통의 줄기로부터 1/4 이상 떨어져 나간 것
　　㉡ 외피에 기계적 손상을 입은 것
　　㉢ 뿌리 턱이 빠진 것
　　㉣ 기타 중결점구에 속하지 않는 결점이 있는 것

16 백합을 재배하는 K씨는 백합 20묶음(200본)을 수확하여 1상자에 담아 농산물표준규격에 따라 '상' 등급으로 표시하여 출하하고자 하였으나 농산물품질관리사 A씨가 점검한 결과, 표준규격품으로 출하가 불가함을 통보하였다. 개화정도의 해당 등급과 경결점 비율을 구하고, 표준규격품 출하 불가 이유를 쓰시오. (단, 주어진 항목 이외는 등급판정에 고려하지 않으며, 비율은 소수점 첫째자리까지 구함) [7점]

점검결과	• 꽃봉오리가 1/3 정도 개화되었음	
	• 열상의 상처가 있는 것: 8본	• 손질 정도가 미비한 것: 4본
	• 품종 고유의 모양이 아닌 것: 1본	• 품종이 다른 것: 3본
	• 상처로 외관이 떨어지는 것: 2본	• 농약살포로 외관이 떨어진 것: 2본

개화정도	경결점	표준규격품 출하 불가 이유
등급: (①)	비율: (②)%	이유: (③)

정답 ① 개화정도 등급: 상
② 경결점 비율: 4.5%(9/200×100＝4.5%이다.)
③ 표준규격품 출하 불가 이유: 개화정도 「상」, 경결점 「상」에 해당되지만 중결점이 5.5%로서 「등급 외」에 해당되어 종합적인 판정은 「등급 외」이다. 따라서 표준규격품으로 출하하는 것은 불가하다.

해설 농산물 표준규격 [시행 2020. 10. 14.] [국립농산물품질관리원고시 제2020-16호, 2020. 10. 14., 일부개정]

농산물 표준규격
백　합

[규격번호: 8041]

Ⅰ. 적용 범위
　　본 규격은 국내에서 생산되어 신선한 상태로 유통되는 백합에 적용하며, 수출용에는 적용하지 않는다.

Ⅱ. 등급 규격

항목＼등급	특	상	보통
① 크기의 고르기	크기 구분표 [표 1]에서 크기가 다른 것이 없는 것	크기 구분표 [표 1]에서 크기가 다른 것이 5% 이하인 것	크기 구분표 [표 1]에서 크기가 다른 것이 10% 이하인 것

항목 \ 등급	특	상	보통
② 꽃	품종 고유의 모양으로 색택이 선명하고 뛰어나며 크기가 균일 한 것	품종 고유의 모양으로 색택이 선명하고 양호한 것	특·상에 미달하는 것
③ 줄기	세력이 강하고, 휘지 않으며 굵기가 일정한 것	세력이 강하고, 휘어진 정도가 약하며 굵기가 비교적 일정한 것	특·상에 미달하는 것
④ 개화정도	꽃봉오리 상태에서 화색이 보이고 균일한 것	꽃봉오리가 1/3정도 개화된 것	특·상에 미달하는 것
⑤ 손질	마른 잎이나 이물질이 깨끗이 제거된 것	마른 잎이나 이물질 제거가 비교적 양호하며 크기가 균일한 것	특·상에 미달하는 것
⑥ 중결점	없는 것	없는 것	5% 이하인 것
⑦ 경결점	3% 이하인 것	5% 이하인 것	10% 이하인 것

[표 1] 크기 구분

구분 \ 호칭	1급	2급	3급	1묶음의 본수(본)
1묶음 평균의 꽃대 길이(cm)	70 이상	60 이상 ~ 70 미만	30 이상 ~ 60미만	5 또는 10

용어의 정의

① 크기의 고르기는 매 포장 단위마다 상단·중단·하단에서 각각 3묶음씩 총 9묶음의 표본을 추출하여 해당 크기 구분표 [표 1]에서 크기가 다른 것의 개수비율을 말한다.

② 결점 혼입률은 포장 단위별로 전체 본에 대한 결점본의 개수비율을 말한다.

③ 중결점은 다음의 것을 말한다.
　㉠ 이품종화: 품종이 다른 것
　㉡ 상처: 자상, 압상, 동상, 열상 등이 있는 것
　㉢ 병충해: 병해, 충해 등의 피해가 심한 것
　㉣ 생리장해: 블라스팅, 엽소, 블라인드, 기형화 등의 피해가 심한 것
　㉤ 형상불량, 파손, 굽힘, 개화 차이가 심히 불량한 것
　㉥ 기타 결점의 정도가 현저하게 품위에 영향을 미치는 것

④ 경결점은 다음의 것을 말한다.
　㉠ 품종 고유의 모양이 아닌 것
　㉡ 경미한 약해, 생리장해, 상처, 농약살포 등으로 외관이 떨어지는 것
　㉢ 손질 정도가 미비한 것
　㉣ 기타 결점의 정도가 경미한 것

17 새송이버섯(2kg, 소포장품) 1상자를 표준규격품으로 출하하고자 선별한 결과이다. 농산물표준규격에 따른 낱개의 고르기 등급을 쓰고, 종합판정등급과 그 이유를 쓰시오. (단, 주어진 항목 이외는 등급판정에 고려하지 않음) [6점]

무게구분	선별결과
• 60 ~ 69g: 260g • 70 ~ 79g: 800g • 80 ~ 89g: 750g • 90 ~ 99g: 190g	• 달팽이의 피해가 있는 것: 70g • 갓이 손상되었으나 자루는 정상인 것: 60g • 경미한 버섯파리 피해가 있는 것:300g • 갓의 색깔: 품종 고유의 색깔을 갖추었음 • 신선도: 육질이 부드럽고 단단하며 탄력이 있음

낱개의 고르기	종합판정등급	종합판정등급 이유
등급: (①)	비율: (②)	이유: (③)

정답 ① 낱개의 고르기 등급: 특
② 종합판정등급: 상
③ 낱개의 고르기 항목이 9.5%로 「특」 등급 기준인 10% 이하에 해당되며, 갓의 색깔 「특」, 신선도 「특」이지만 피해품 6.5%로서 「상」에 해당하므로 종합판정은 「상」으로 판정함

해설 M 1,810g, L 190g이므로 낱개의 고르기는 190 / 2,000 × 100＝9.5%이다.

농산물 표준규격 [시행 2020. 10. 14.] [국립농산물품질관리원고시 제2020-16호, 2020. 10. 14., 일부개정]

농산물 표준규격
큰느타리버섯(새송이버섯)

[규격번호: 6013]

Ⅰ. 적용 범위
본 규격은 국내에서 생산되어 신선한 상태로 유통되는 큰느타리버섯(새송이버섯)에 적용하며, 가공용 또는 수출용에는 적용하지 않는다.

Ⅱ. 등급 규격

항목 \ 등급	특	상	보통
① 낱개의 고르기	별도로 정하는 크기 구분표 [표 1]에서 무게가 다른 것의 혼입이 10% 이하인 것. 단, 크기 구분표의 해당 무게에서 1단계를 초과할 수 없다.	별도로 정하는 크기 구분표 [표 1]에서 무게가 다른 것의 혼입이 20% 이하인 것. 단, 크기 구분표의 해당 무게에서 1단계를 초과할 수 없다.	특·상에 미달하는 것

항목 \ 등급	특	상	보통
② 갓의 모양	갓은 우산형으로 개열되지 않고, 자루는 굵고 곧은 것	갓은 우산형으로 개열이 심하지 않으며, 자루가 대체로 굵고 곧은 것	특·상에 미달하는 것
③ 갓의 색깔	품종 고유의 색깔을 갖춘 것	품종 고유의 색깔을 갖춘 것	특·상에 미달하는 것
④ 신선도	육질이 부드럽고 단단하며 탄력이 있는 것으로 고유의 향기가 뛰어난 것	육질이 부드럽고 단단하며 탄력이 있는 것으로 고유의 향기가 양호한 것	특·상에 미달하는 것
⑤ 피해품	5% 이하인 것	10% 이하인 것	20% 이하인 것
⑥ 이물	없는 것	없는 것	없는 것

[표 1] 크기 구분

구분 \ 호칭	L	M	S
1개의 무게(g)	90 이상	45 이상 ~ 90 미만	20 이상 ~ 45 미만

용어의 정의

① 낱개의 고르기는 포장단위별로 전체 버섯 중 크기 구분표 [표 1]에서 무게가 다른 것의 무게비율을 말한다.
② 피해품은 포장단위별로 전체 버섯에 대한 무게비율을 말한다.
  ㉠ 병충해품: 곰팡이, 달팽이, 버섯파리 등 병해충의 피해가 있는 것. 다만 경미한 것은 제외한다.
  ㉡ 상해품: 갓 또는 자루가 손상된 것. 다만 경미한 것은 제외한다.
  ㉢ 기형품: 갓 또는 자루가 심하게 변형된 것
  ㉣ 오염된 것 등 기타 피해의 정도가 현저한 것
③ 이물: 새송이버섯 이외의 것

18 농산물품질관리사 A씨가 꽈리고추 1박스를 농산물 표준규격 등급판정을 위해 계측한 결과가 다음과 같았다. 낱개의 고르기 등급, 결점의 종류와 혼입율을 쓰고, 종합판정 등급과 그 이유를 쓰시오. (단, 주어진 항목 이외는 등급판정에 고려하지 않음) [7점]

계측수량	낱개의 고르기	결점과
50개	• 평균 길이에서 ±2.0cm를 초과하는 것: 8개	• 과숙과(붉은 색인 것): 1개 • 꼭지 빠진 것: 1개

낱개의 고르기	결점의 종류와 혼입율		종합판정 등급 및 이유	
등급: (①)	종류: (②)	혼입율: (③)	등급: (④)	이유: (⑤)

정답 ① 낱개의 고르기 등급: 특 (낱개의 고르기는 8 / 50 × 100 = 16% 이므로 「특」에 해당된다)

② 결점의 종류: 경결점(과숙과와 꼭지 빠진 것은 경결점에 해당됨)

③ 4% (경결점 혼입률은 2 / 50 × 100 = 4% 이다.)

④ 상

⑤ 낱개의 고르기는 「특」에 해당하나, 경결점 혼입률이 4%로서 「상」에 해당하므로 종합판정은 「상」으로 판정한다.

해설 농산물 표준규격 [시행 2020. 10. 14.] [국립농산물품질관리원고시 제2020-16호, 2020. 10. 14., 일부개정]

농산물 표준규격
고 추

[규격번호: 2012]]

Ⅰ. 적용 범위

본 규격은 국내에서 생산되어 신선한 상태로 유통되는 풋고추(청양고추, 오이맛 고추 등), 꽈리고추, 홍고추(물고추)에 적용하며, 가공용 또는 수출용에는 적용하지 않는다.

Ⅱ. 등급 규격

항목 \ 등급	특	상	보통
① 낱개의 고르기	평균 길이에서 ±2.0cm를 초과하는 것이 10% 이하인 것(꽈리고추는 20% 이하)	평균 길이에서 ±2.0cm를 초과하는 것이 20% 이하(꽈리고추는 50% 이하)로 혼입된 것	특·상에 미달하는 것
② 길이(꽈리고추에 적용)	4.0~7.0cm인 것이 80% 이상		
③ 색택	• 풋고추, 꽈리고추: 짙은 녹색이 균일하고 윤기가 뛰어난 것 • 홍고추(물고추): 품종 고유의 색깔이 선명하고 윤기가 뛰어난 것	• 풋고추, 꽈리고추: 짙은 녹색이 균일하고 윤기가 있는 것 • 홍고추(물고추): 품종 고유의 색깔이 선명하고 윤기가 있는 것	특·상에 미달하는 것
④ 신선도	꼭지가 시들지 않고 신선하며, 탄력이 뛰어난 것	꼭지가 시들지 않고 신선하며, 탄력이 양호한 것	특·상에 미달하는 것
⑤ 중결점과	없는 것	없는 것	5% 이하인 것(부패·변질과는 포함할 수 없음)
⑥ 경결점과	3% 이하인 것	5% 이하인 것	20% 이하인 것

① 길이: 꼭지를 제외한다.
② 중결점과는 다음의 것을 말한다.
　　㉠ 부패, 변질과: 부패 또는 변질된 것
　　㉡ 병충해: 탄저병, 무름병, 담배나방 등 병해충의 피해가 현저한 것
　　㉢ 기타: 오염이 심한 것, 씨가 검게 변색된 것
③ 경결점과는 다음의 것을 말한다.
　　㉠ 과숙과: 붉은색인 것(풋고추, 꽈리고추에 적용)
　　㉡ 미숙과: 색택으로 보아 성숙이 덜된 녹색과(홍고추에 적용)
　　㉢ 상해과: 꼭지 빠진 것, 잘라진 것, 갈라진 것
　　㉣ 발육이 덜 된 것
　　㉤ 기형과 등 기타 결점의 정도가 경미한 것

19 단감을 생산하는 농업인 K씨가 농산물 도매시장에 표준규격 농산물로 출하하고자 단감 1상자(15kg)를 표준규격 기준에 따라 단감 50개를 계측한 결과가 다음과 같았다. 농산물 표준규격상의 낱개의 고르기와 착색 비율의 등급을 쓰고, 종합판정등급과 그 이유를 쓰시오. (단, 주어진 항목 이외는 등급판정에 고려하지 않음) [6점]

단감의 무게(g)	착색 비율	결점과
• 250g 이상 ~ 300g 미만: 1개 • 214g 이상 ~ 250g 미만: 46개 • 188g 이상 ~ 214g 미만: 2개 • 167g 이상 ~ 188g 미만: 1개	• 착색 비율 70%	• 품종 고유의 모양이 아닌 것: 1개 • 꼭지와 과육 사이에 틈이 있는 것: 1개

낱개의 고르기	착색 비율	종합판정등급 및 이유	
등급: (①)	등급: (②)	등급: (③)	이유: (④)

정답 ① 낱개의 고르기: 보통 (낱개의 고르기는 8%이지만 구분표의 1단계를 초과하므로 「보통」에 해당한다)
② 착색비율: 상(착색 비율이 70%이므로 「상」에 해당한다.)
③ 종합판정 등급: 보통
④ 결점과 2개는 모두 경결점과이며, 경결점 비율이 4%로서 「상」에 해당하고, 착색 비율도 「상」에 해당하지만 낱개의 고르기에서 「보통」에 해당하므로 종합판정은 「보통」으로 판정한다.

농산물 표준규격 [시행 2020. 10. 14.] [국립농산물품질관리원고시 제2020-16호, 2020. 10. 14., 일부개정]

농산물 표준규격
단 감

[규격번호: 1071]

Ⅰ. 적용 범위

본 규격은 국내에서 생산되어 신선한 상태로 유통되는 단감에 적용하며, 가공용 또는 수출용에는 적용하지 않는다.

Ⅱ. 등급 규격

등급 항목	특	상	보통
① 낱개의 고르기	별도로 정하는 크기 구분표 [표 1]에서 무게가 다른 것이 5% 이하인 것. 단, 크기 구분표의 해당 무게에서 1단계를 초과 할 수 없다.	별도로 정하는 크기 구분표 [표 1]에서 무게가 다른 것이 10% 이하인 것. 단, 크기 구분표의 해당 무게에서 1단계를 초과 할 수 없다.	특·상에 미달하는 것
② 색택	착색비율이 80% 이상인 것	착색비율이 60% 이상인 것	특·상에 미달하는 것
③ 숙도	숙도가 양호하고 균일한 것	숙도가 양호하고 균일한 것	특·상에 미달하는 것
④ 중결점과	없는 것	없는 것	5% 이하인 것(부패·변질과는 포함할 수 없음)
⑤ 경결점과	3% 이하인 것	5% 이하인 것	20% 이하인 것

[표 1] 크기 구분

호칭 구분	3L	2L	L	M	S	2S	3S
g/개	300 이상	250 이상 ~ 300 미만	214 이상 ~ 250 미만	188 이상 ~ 214 미만	167 이상 ~ 188 미만	150 이상 ~ 167 미만	150 미만

용어의 정의

① 착색비율은 낱개별로 전체 면적에 대한 품종 고유의 색깔이 착색된 면적의 비율을 말한다.
② 중결점과는 다음의 것을 말한다.
　㉠ 이품종과: 품종이 다른 것
　㉡ 부패, 변질과: 과육이 부패 또는 변질된 것(과숙에 의해 육질이 변질된 것을 포함한다.)
　㉢ 미숙과: 당도(맛), 경도 및 색택으로 보아 성숙이 덜된 것(덜익은 과일을 수확하여 아세틸렌, 에틸렌 등의 가스로 후숙한 것을 포함한다.)
　㉣ 병충해과: 탄저병, 검은별무늬병, 감꼭지나방 등 병해충의 피해가 있는 것
　㉤ 상해과: 열상, 자상 또는 압상이 있는 것. 다만 경미한 것을 제외한다.
　㉥ 꼭지: 꼭지가 빠지거나, 꼭지 부위가 갈라진 것

ⓐ 모양: 모양이 심히 불량한 것

ⓞ 기타: 경결점과에 속하는 사항으로 그 피해가 현저한 것

③ 경결점과는 다음의 것을 말한다.

㉠ 품종 고유의 모양이 아닌 것

㉡ 경미한 일소, 약해 등으로 외관이 떨어지는 것

㉢ 그을음병, 깍지벌레 등 병충해의 피해가 과피에 그친 것

㉣ 꼭지가 돌아갔거나, 꼭지와 과육 사이에 틈이 있는 것

㉤ 경미한 찰상 등 중결점과에 속하지 않는 상처가 있는 것

㉥ 기타 결점의 정도가 경미한 것

20 1개의 무게가 100g인 참다래 200개를 선별하여 동일한 등급으로 4상자를 만들어 표준규격품으로 출하하고자 한다. 1상자당(5kg들이) 50과로 구성하며, 정상과는 48개씩 넣고 〈보기〉 내용에서 2과를 추가하여 상자를 구성할 경우, 4상자 모두를 동일 등급으로 구성할 수 있는 최고 등급을 쓰고, 최고 등급을 가능하게 할 2과를 〈보기〉에서 찾아 번호를 쓰시오. (단, 주어진 항목 이외는 상자의 구성 및 등급 판정을 고려하지 않으며, (②~⑤)에는 1개 번호만 답란에 기재하며 중복은 허용하지 않음) [6점]

┤ 보기 ├

[1번] 햇볕에 그을려 외관이 떨어지는 것: 2과

[2번] 녹물에 오염된 것: 2과

[3번] 품종이 다른 것: 2과

[4번] 깍지벌레의 피해가 있는 것: 2과

[5번] 품종 고유의 모양이 아닌 것: 2과

[6번] 시든 것: 2과

[7번] 약해로 외관이 떨어지는 것: 2과

[8번] 바람이 들어 육질에 동공이 생긴 것: 2과

4상자의 등급	상자당 구성 내용
등급: (①)	상자(A): 정상과 48과 + (②) 상자(B): 정상과 48과 + (③) 상자(C): 정상과 48과 + (④) 상자(D): 정상과 48과 + (⑤)

정답 ① 동일한 등급 4상자의 등급: 특 (중결점 없이 경결점 4%로 구성)

② 상자(A): 정상과 48과 + (1번)

③ 상자(B): 정상과 48과 + (2번)

④ 상자(C): 정상과 48과 + (5번)

⑤ 상자(D): 정상과 48과 + (7번)

해설 농산물 표준규격 [시행 2020. 10. 14.] [국립농산물품질관리원고시 제2020-16호, 2020. 10. 14., 일부개정]

농산물 표준규격
참다래

[규격번호: 1121]

I. 적용 범위

본 규격은 국내에서 생산되어 신선한 상태로 유통되는 참다래에 적용하며, 가공용 또는 수출용에는 적용하지 않는다.

II. 등급 규격

등급 항목	특	상	보통
① 낱개의 고르기	별도로 정하는 크기 구분표 [표 1]에서 무게가 다른 것이 5% 이하인 것. 단, 크기 구분표의 해당 무게에서 1단계를 초과 할 수 없다.	별도로 정하는 크기 구분표 [표 1]에서 무게가 다른 것이 10% 이하인 것. 단, 크기 구분표의 해당 무게에서 1단계를 초과 할 수 없다.	특·상에 미달하는 것
② 색택	품종 고유의 색택이 뛰어난 것	품종 고유의 색택이 양호한 것	특·상에 미달하는 것
③ 향미	품종 고유의 향미가 뛰어난 것	품종 고유의 향미가 양호한 것	특·상에 미달하는 것
④ 털	털의 탈락이 없는 것	털의 탈락이 경미한 것	털의 탈락이 심하지 않은 것
⑤ 중결점과	없는 것	없는 것	5% 이하인 것(부패·변질과는 포함할 수 없음)
⑥ 경결점과	5% 이하인 것	10% 이하인 것	20% 이하인 것

[표 1] 크기 구분

호칭 구분	2L	L	M	S	2S
g/개	125 이상	105 이상 125 미만	85 이상 105 미만	70 이상 85 미만	70 미만

용어의 정의

① 중결점과는 다음의 것을 말한다.
  ㉠ 이품종과: 품종이 다른 것
  ㉡ 부패, 변질과: 과육이 부패 또는 변질된 것
  ㉢ 과숙과: 육질, 경도로 보아 성숙이 지나치게 된 것
  ㉣ 병충해과: 연부병, 깍지벌레, 풍뎅이등 병해충의 피해가 있는 것
  ㉤ 상해과: 열상, 자상 또는 압상이 있는 것. 다만 경미한 것은 제외한다.
  ㉥ 모양: 모양이 심히 불량한 것

ⓐ 기타: 바람이 들어 육질에 동공이 생긴 것, 시든 것, 기타 경결점과에 속하는 사항으로 그 피해가 현저한 것

② 경결점과는 다음의 것을 말한다.
　㉠ 품종 고유의 모양이 아닌 것
　㉡ 일소, 약해 등으로 외관이 떨어지는 것
　㉢ 병해충의 피해가 경미한 것
　㉣ 경미한 찰상 등 중결점과에 속하지 않는 상처가 있는 것
　㉤ 녹물에 오염된 것, 이물이 붙어 있는 것
　㉥ 기타 결점의 정도가 경미한 것

2018년
제15회

농산물품질관리사 2차 시험 기출문제

※ 단답형 문제에 대해 답하시오. (1~10번 문제)

01 농수산물품질관리법령상 검사를 받은 농산물에 대한 '검사판정 취소'에 해당하는 사유를 다음에서 모두 찾아 번호를 쓰시오. [4점]

---

① 농림축산식품부령으로 정하는 검사 유효기간이 지난 경우
② 검사 결과의 표시 또는 검사증명서를 위조하거나 변조한 사실이 확인된 경우
③ 거짓이나 그 밖의 부정한 방법으로 검사를 받은 사실이 확인된 경우
④ 검사 결과의 표시가 없어지거나 명확하지 아니하게 된 경우
⑤ 검사를 받은 농산물의 포장이나 내용물을 바꾼 사실이 확인된 경우

정답 ②③⑤

해설 농수산물 품질관리법 [시행 2022. 6. 22.]
제87조(검사판정의 취소)
농림축산식품부장관은 제79조에 따른 검사나 제85조에 따른 재검사를 받은 농산물이 다음 각 호의 어느 하나에 해당하면 검사판정을 취소할 수 있다. 다만, 제1호에 해당하면 검사판정을 취소하여야 한다. 〈개정 2013. 3. 23.〉
1. 거짓이나 그 밖의 부정한 방법으로 검사를 받은 사실이 확인된 경우
2. 검사 또는 재검사 결과의 표시 또는 검사증명서를 위조하거나 변조한 사실이 확인된 경우
3. 검사 또는 재검사를 받은 농산물의 포장이나 내용물을 바꾼 사실이 확인된 경우

02 농수산물품질관리법령상 농산물 생산자단체가 농산물 우수관리인증을 신청할 때 신청서에 첨부하여 제출하여야 할 서류 2가지를 쓰시오. [4점]

(정답) 1. 우수관리인증농산물의 위해요소관리계획서
2. 사업운영계획서

(해설) 농수산물 품질관리법 시행규칙 [시행 2023. 2. 28.]
제10조(우수관리인증의 신청)
① 법 제6조 제3항에 따라 우수관리인증을 받으려는 자는 별지 제1호서식의 농산물우수관리인증 (신규·갱신)신청서에 다음 각 호의 서류를 첨부하여 법 제9조 제1항에 따라 우수관리인증기관으로 지정받은 기관(이하 "우수관리인증기관"이라 한다)에 제출하여야 한다. 〈개정 2014. 9. 30., 2018. 5. 3.〉
1. 삭제 〈2013. 11. 29.〉
2. 법 제6조 제6항에 따른 우수관리인증농산물(이하 "우수관리인증농산물"이라 한다)의 위해요소관리계획서
3. 생산자단체 또는 그 밖의 생산자 조직(이하 "생산자집단"이라 한다)의 사업운영계획서(생산자집단이 신청하는 경우만 해당한다)
② 우수관리인증농산물의 위해요소관리계획서와 사업운영계획서에 포함되어야 할 사항, 우수관리인증의 신청 방법 및 절차 등에 필요한 세부 사항은 국립농산물품질관리원장이 정하여 고시한다. 〈개정 2014. 9. 30.〉

03 다음 농수산물품질관리법령에 관한 내용 중 아래 ( )에 들어갈 내용을 〈보기〉에서 찾아 쓰시오. [4점]

- 임산물을 생산하는 A영농조합법인은 (①)에게 지리적표시의 등록을 신청
- 임산물을 생산하는 B농가는 (②)에게 농산물 이력추적관리 등록을 신청
- (③)은 농산물우수관리기준을 제정하여 고시
- (④)은 유전자변형농산물 중 식용으로 적합하다고 인정하는 품목을 유전자변형농산물 표시대상으로 고시

┤ 보기 ├

식품의약품안전처장　　　　농촌진흥청장　　　　　　　산림청장
농림축산검역본부장　　　　국립농산물품질관리원장

(정답) ① 산림청장
② 국립농산물품질관리원장
③ 국립농산물품질관리원장(시행령 개정)
④ 식품의약품안전처장

농수산물 품질관리법 시행령 [시행 2023. 2. 28.]

제19조(유전자변형농수산물의 표시대상품목)

법 제56조 제1항에 따른 유전자변형농수산물의 표시대상품목은 「식품위생법」 제18조에 따른 안전성 평가 결과 식품의약품안전처장이 식용으로 적합하다고 인정하여 고시한 품목(해당 품목을 싹틔워 기른 농산물을 포함한다)으로 한다. 〈개정 2013. 3. 23.〉

농수산물 품질관리법 시행령 [시행 2023. 2. 28.]

제42조(권한의 위임)

① 농림축산식품부장관은 법 제115조제1항에 따라 다음 각 호의 권한을 국립농산물품질관리원장에게 위임한다. 〈개정 2013. 3. 23., 2013. 11. 13., 2014. 2. 11., 2014. 11. 11., 2016. 12. 30., 2017. 5. 29., 2018. 4. 3., 2021. 12. 28.〉

　1. 법 제3조제6항에 따른 지리적표시 분과위원회의 개최, 심의, 그 결과의 통보 등 운영에 관한 사항 (수산물에 관한 사항은 제외한다)

　2. 법 제5조제1항에 따른 농산물(임산물은 제외한다)의 표준규격의 제정·개정 또는 폐지

　2의2. 법 제6조제1항에 따른 농산물우수관리기준 고시

　3. 법 제9조 및 제10조에 따른 농산물우수관리인증기관의 지정, 지정 취소 및 업무 정지 등의 처분

　4. 삭제 〈2018. 4. 3.〉

　4의2. 법 제12조의2에 따른 소비자 등에 대한 교육·홍보, 컨설팅 지원 등의 사업 수행

　4의3. 법 제13조 및 제13조의2에 따른 농산물우수관리 관련 보고·자료제출 명령, 점검 및 조사 등과 우수관리시설 점검·조사 등의 결과에 따른 조치 등

　5. 법 제24조 및 제27조에 따른 농산물 이력추적관리 등록, 등록 취소 등의 처분

　5의2. 법 제28조제2항에 따른 지위승계 신고(같은 조 제1항제1호에 따른 우수관리인증기관의 지위승계 신고로 한정한다)의 수리

　6. 법 제30조 및 제39조에 따른 표준규격품, 우수관리인증농산물, 이력추적관리농산물 및 지리적표시품의 사후관리(수산물 또는 임산물과 그 가공품의 표준규격품 및 지리적표시품의 사후관리는 제외한다)

　6의2. 법 제31조 및 제40조에 따른 표준규격품, 우수관리인증농산물 및 지리적표시품의 표시 시정 등의 처분(수산물 또는 임산물과 그 가공품의 표준규격품 및 지리적표시품의 표시 시정 등의 처분은 제외한다)

　7. 법 제32조제1항에 따른 농산물(임산물은 제외한다) 및 그 가공품의 지리적표시의 등록

　8. 법 제33조에 따른 농산물(임산물은 제외한다) 및 그 가공품의 지리적표시 원부의 등록 및 관리

　8의2. 법 제35조에 따른 농산물(임산물은 제외한다) 및 그 가공품의 지리적표시권의 이전 및 승계에 대한 사전 승인

　9. 삭제 〈2013. 3. 23.〉

　10. 삭제 〈2013. 3. 23.〉

　11. 삭제 〈2013. 3. 23.〉

　12. 삭제 〈2013. 3. 23.〉

　13. 삭제 〈2013. 3. 23.〉

　14. 삭제 〈2013. 3. 23.〉

　15. 삭제 〈2013. 3. 23.〉

　16. 법 제79조제1항에 따른 농산물의 검사(법 제80조에 따라 지정받은 검사기관이 검사하는 농산물과 누에씨·누에고치 검사는 제외한다)

　17. 법 제80조 및 제81조에 따른 농산물검사기관의 지정, 지정 취소 및 업무 정지 등의 처분

18. 법 제84조에 따른 검사증명서 발급

18의2. 법 제85조에 따른 농산물의 재검사

18의3. 법 제87조에 따른 검사판정의 취소

19. 법 제98조제1항에 따른 농산물 및 그 가공품의 검정

19의2. 법 제98조의2에 따른 농산물 및 그 가공품에 대한 폐기 또는 판매금지 등의 명령, 검정결과의 공개

20. 법 제99조제1항 및 제5항에 따른 검정기관의 지정과 지정 갱신

20의2. 법 제100조제1항에 따른 검정기관의 지정 취소 및 업무 정지 등의 처분

21. 법 제102조 따른 확인·조사·점검 등(수산물 및 그 가공품과 임산물 및 그 가공품은 제외한다)

22. 법 제104조에 따른 농수산물(수산물 및 그 가공품과 임산물 및 그 가공품은 제외한다) 명예감시원의 위촉 및 운영

22의2. 법 제105조에 따른 농산물품질관리사 제도의 운영

22의3. 법 제107조의2에 따른 농산물품질관리사의 교육에 관한 사항

23. 법 제109조에 따른 농산물품질관리사의 자격 취소

24. 법 제110조에 따른 품질 향상, 표준규격화 촉진 및 농산물품질관리사 운용 등을 위한 자금 지원. 다만, 수산물 및 그 가공품과 임산물 및 그 가공품에 대한 지원은 제외한다.

25. 법 제113조에 따른 수수료 감면 및 징수

25의2. 법 제114조제1호·제2호·제6호·제7호·제8호·제11호·제12호·제15호 및 제16호에 따른 청문

26. 법 제123조제3항에 따른 과태료의 부과 및 징수(법 제30조제2항의 위반행위 중 임산물 및 그 가공품에 관한 위반행위에 대한 것은 제외한다)

26의2. 제36조제2항에 따른 농산물품질관리사 자격시험 실시계획의 수립

27. 제40조에 따른 농산물품질관리사 자격증의 발급 및 재발급, 자격증 발급대장 기록

② 식품의약품안전처장은 법 제115조제1항에 따라 다음 각 호의 권한을 지방식품의약품안전청장에게 위임한다. 〈신설 2013. 3. 23.〉

1. 법 제58조에 따른 유전자변형농수산물의 표시에 관한 조사

2. 법 제59조제1항에 따른 처분, 같은 조 제2항에 따른 공표명령 및 같은 조 제3항에 따른 공표

3. 법 제123조제1항에 따른 과태료 중 법 제56조제1항·제2항, 제58조제1항 및 제62조제1항의 위반행위에 대한 과태료의 부과 및 징수

③ 삭제 〈2021. 12. 28.〉

④ 농림축산식품부장관은 법 제115조제1항에 따라 다음 각 호의 사항에 관한 권한 중 임산물 및 그 가공품에 관한 권한을 산림청장에게 위임한다. 〈개정 2013. 3. 23., 2016. 12. 30.〉

1. 법 제5조제1항에 따른 표준규격의 제정·개정 또는 폐지

2. 법 제30조 및 제31조, 제39조 및 제40조에 따른 표준규격품 및 지리적표시품의 사후관리와 표시 시정 등의 처분

3. 법 제32조제1항에 따른 지리적표시의 등록

4. 법 제33조에 따른 지리적표시 원부의 등록 및 관리

4의2. 법 제35조에 따른 지리적표시권의 이전 및 승계에 대한 사전 승인

5. 법 제102조에 따른 확인·조사·점검 등

6. 법 제104조에 따른 농수산물 명예감시원의 위촉 및 운영

7. 법 제110조에 따른 품질 향상 및 표준규격화 촉진 등을 위한 자금 지원

8. 법 제123조제3항에 따른 과태료의 부과 및 징수(법 제30조제2항의 위반행위만 해당한다)

(중간 생략)

⑦ 농림축산식품부장관 또는 해양수산부장관은 법 제115조제1항에 따라 다음 각 호의 권한을 특별시장·광역시장·도지사·특별자치도지사에게 위임한다. 〈개정 2013. 3. 23., 2019. 11. 26.〉

1. 법 제73조제1항 및 제2항에 따른 지정해역 및 주변해역에서의 오염물질 배출행위, 가축 사육행위 및 동물용 의약품 사용행위의 제한 또는 금지
2. 법 제75조제1항에 따른 위생관리에 관한 사항의 보고명령 및 이의 접수(법 제70조제2항에 따른 위해요소중점관리기준의 이행시설로서 법 제74조제1항에 따라 등록한 시설만 해당한다)
3. 법 제76조제2항에 따른 생산·가공시설등의 위해요소중점관리기준에의 적합 여부 조사·점검(법 제70조제2항에 따른 위해요소중점관리기준의 이행시설로서 법 제74조제1항에 따라 등록한 시설만 해당한다)
4. 법 제77조에 따른 지정해역에서의 수산물의 생산제한
5. 법 제78조에 따른 생산·가공·출하·운반의 시정·제한·중지 명령, 생산·가공시설등의 개선·보수 명령(법 제70조제2항에 따른 위해요소중점관리기준의 이행시설로서 법 제74조제1항에 따라 등록한 시설만 해당한다)
6. 법 제79조에 따른 농산물 중 누에씨·누에고치의 검사에 관한 사항
7. 법 제104조에 따른 농수산물 명예감시원 위촉 및 운영
8. 법 제114조에 따른 청문(제5호에 따라 위임된 권한에 관한 청문만 해당한다)
9. 법 제123조제3항에 따른 과태료의 부과 및 징수(제8호에 따라 위임된 권한에 관한 과태료만 해당한다)

농수산물 품질관리법 시행규칙 [시행 2023. 2. 28.]
제47조(이력추적관리의 등록절차 등)
① 법 제24조제1항 또는 제2항에 따라 이력추적관리 등록을 하려는 자는 별지 제23호서식의 농산물이력추적관리 등록(신규·갱신)신청서에 다음 각 호의 서류를 첨부하여 국립농산물품질관리원장에게 제출하여야 한다. 〈개정 2013. 3. 24., 2016. 4. 6., 2020. 2. 28.〉

1. 법 제24조제7항에 따른 이력추적관리농산물의 관리계획서
2. 이상이 있는 농산물에 대한 회수 조치 등 사후관리계획서

② 국립농산물품질관리원장(이하 "등록기관의 장"이라 한다)은 제1항에 따라 제출된 서류에 보완이 필요하다고 판단되면 등록을 신청한 자에게 서류의 보완을 요구할 수 있다. 〈개정 2013. 3. 24., 2016. 4. 6.〉
③ 등록기관의 장은 제1항에 따른 이력추적관리의 등록신청을 받은 경우에는 법 제24조제7항에 따른 이력추적관리기준에 적합한지를 심사하여야 한다. 〈개정 2020. 2. 28.〉
④ 등록기관의 장은 제1항에 따른 신청인이 생산자집단인 경우에는 전체 구성원에 대하여 각각 심사를 하여야 한다. 다만, 등록기관의 장이 정하여 고시하는 바에 따라 표본심사를 할 수 있다.
⑤ 등록기관의 장은 제1항에 따른 등록신청을 받으면 심사일정을 정하여 그 신청인에게 알려야 한다.
⑥ 등록기관의 장은 그 소속 심사담당자와 시·도지사 또는 시장·군수·구청장이 추천하는 공무원이나 민간전문가로 심사반을 구성하여 이력추적관리의 등록 여부를 심사할 수 있다.
⑦ 등록기관의 장은 제3항에 따른 심사 결과 적합한 경우에는 이력추적관리 등록을 하고, 그 신청인에게 별지 제24호서식의 농산물이력추적관리 등록증(이하 "이력추적관리 등록증"이라 한다)을 발급하여야 한다. 〈개정 2016. 4. 6.〉
⑧ 등록기관의 장은 제3항에 따른 심사 결과 적합하지 아니한 경우에는 그 사유를 구체적으로 밝혀 지체 없이 신청인에게 알려 주어야 한다.
⑨ 이력추적관리 등록자는 이력추적관리 등록증을 분실한 경우 등록기관에 별지 제26호서식의 농산물이력추적관리 등록증 재발급 신청서를 제출하여 재발급받을 수 있다. 〈개정 2016. 4. 6.〉

⑩ 이력추적관리의 등록에 필요한 세부적인 절차 및 사후관리 등은 국립농산물품질관리원장이 정하여 고시한다. 〈개정 2013. 3. 24., 2016. 4. 6.〉

농수산물 품질관리법 시행규칙 [시행 2023. 2. 28.]
제58조(지리적표시의 등록공고 등)
① 국립농산물품질관리원장, 국립수산물품질관리원장 또는 산림청장은 법 제32조제7항에 따라 지리적표시의 등록을 결정한 경우에는 다음 각 호의 사항을 공고하여야 한다. 〈개정 2013. 3. 24.〉
  1. 등록일 및 등록번호
  2. 지리적표시 등록자의 성명, 주소(법인의 경우에는 그 명칭 및 영업소의 소재지를 말한다) 및 전화번호
  3. 지리적표시 등록 대상품목 및 등록명칭
  4. 지리적표시 대상지역의 범위
  5. 품질의 특성과 지리적 요인의 관계
  6. 등록자의 자체품질기준 및 품질관리계획서
② 국립농산물품질관리원장, 국립수산물품질관리원장 또는 산림청장은 지리적표시를 등록한 경우에는 별지 제32호서식의 지리적표시 등록증을 발급하여야 한다. 〈개정 2013. 3. 24.〉
③ 국립농산물품질관리원장, 국립수산물품질관리원장 또는 산림청장은 법 제40조에 따라 지리적표시의 등록을 취소하였을 때에는 다음 각 호의 사항을 공고하여야 한다. 〈개정 2013. 3. 24.〉
  1. 취소일 및 등록번호
  2. 지리적표시 등록 대상품목 및 등록명칭
  3. 지리적표시 등록자의 성명, 주소(법인의 경우에는 그 명칭 및 영업소의 소재지를 말한다) 및 전화번호
  4. 취소사유
④ 제1항 및 제3항에 따른 지리적표시의 등록 및 등록취소의 공고에 관한 세부 사항은 농림축산식품부장관 또는 해양수산부장관이 정하여 고시한다. 〈개정 2013. 3. 24.〉

04 다음 농산물 검사·검정의 표준계측 및 감정방법의 내용 중 (   )에 들어갈 용어를 쓰시오. [4점]

- 쌀의 (①) 감정은 요오드 처리에 의한 배유부분의 정색반응에 따른다. 시료를 유리판 위에 놓고 요오드액을 적당량 떨어뜨려 자색과 갈색의 색깔로 판별한다.
- 양곡의 (②) 감정은 엠이(M.E: Methylene Blue, Eosin Y) 시약 처리에 의하여 강층의 벗겨진 정도를 표준품과 비교 감정함을 원칙으로 하되, 보조방법으로 요오드염색법(Iodine염색법)을 따를 수 있다.
- 미곡, 맥류 및 두류 등의 (③) 감정은 G·O·P시약 처리에 의한 산화효소작용의 정도로 판별 감정한다. G·O·P시약 처리 방법을 원칙으로 하되, 보조방법으로 (④) 처리에 따른 방법을 활용할 수 있다.

정답 ① 메·찰 ② 도정도 ③ 신선도 ④ 구아야콜 처리

05 벼 제현율을 측정하고자 할 때, 다음 조건에서의 ① 제현율 계산식과 ② 제현율(%)을 쓰시오. (단, 제현율은 수치 취급방법에 따른 검정치로 기재) [4점]

〈조 건〉

- 공시무게: 50g
- 활성현미 무게: 32.4g
- 체위 현미 중 사미 무게: 5.2g
- 기준한계치: 8.0

정답
$$제현율(\%) = \frac{활성현미무게(g) + 체위사미무게(g)}{공시무게(g)} \times 100 = 75.2\%$$

06 다음은 원예작물의 성숙과정과 숙성과정에서 일어나는 일련의 대사과정이다. (   )에 올바른 내용을 쓰시오. [4점]

- 토마토는 성숙을 거쳐 숙성을 하면서 푸른색의 (①)이/가 감소하고, 빨간색의 리코핀이 증가한다.
- 떫은감의 떫은맛을 내는 물질은 (②)이며, 연화가 되면서 가용성(②)이/가 불용성 (②)으로 전환된다.
- 과육이 연화되는 이유는 (③)이/가 붕괴되기 때문이다.

정답 ① 엽록소 ② 탄닌 ③ 세포벽

해설 원예산물은 숙성과정에서 다음과 같은 변화를 나타낸다.
ⓙ 크기가 커지고 품종 고유의 모양과 향기를 갖춘다.
ⓛ 세포질의 셀룰로오스, 헤미셀룰로오스, 펙틴질이 분해됨에 따라 조직이 연해진다. 과일은 성숙되면서 프로토펙틴(불용성)이 펙틴산(가용성)으로 변하여 조직이 연해진다.
ⓒ 에틸렌 생성이 증가한다.
ⓔ 저장 탄수화물(전분)이 당으로 변하여 단맛이 증가한다.
ⓜ 유기산은 감소하여 신맛이 줄어든다. 유기산은 신맛을 내는 성분인데 대표적인 유기산으로는 사과의 능금산, 포도의 주석산, 밀감류와 딸기의 구연산 등이다
ⓗ 사과, 토마토, 바나나, 키위, 참다래 등과 같은 호흡급등과는 일시적으로 호흡급등현상이 나타난다.
ⓢ 엽록소가 분해되어 녹색이 줄어들고, 과실 고유의 색소가 합성 발현됨으로써 과실 고유의 색깔을 띠게 된다. 과실별로 발현되는 색소는 다음과 같다.

	색소	색깔	해당 과실
카로티노이드계	β-카로틴	황색	감귤, 토마토, 당근, 호박
	라이코펜(Lycopene)	적색	토마토, 당근, 수박
	캡산틴	적색	고추
안토시아닌계		적색	딸기, 사과
플라보노이드계		황색	토마토, 양파

07 다음 내용에서 옳으면 ○, 틀리면 ×를 순서대로 쓰시오. [4점]

> ① 원예작물은 품온을 낮추기 위해 예냉을 빨리 실시하여야 하며, 예냉 후에는 저온에 유통시키는 것이 바람직하다.
> ② 수확시기 판정에서 호흡급등형(Climacteric-type) 과실은 에틸렌 발생 증가와는 무관하다.
> ③ 결로현상은 원예작물의 품온과 외기온도가 같을 때 가장 많이 발생한다.
> ④ 원예작물의 객관적 품질인자에는 경도, 당도, 산도, 색도 등이 있다.

정답 ① ○ ② × ③ × ④ ○

해설 ② 작물이 숙성단계에서 호흡이 현저하게 증가하는 과실을 호흡상승과(climacteric fruits)라고 하며, 사과, 토마토, 바나나, 복숭아, 키위, 망고, 참다래, 감 등이 있다. 호흡이 급격히 증가하면 에틸렌의 생성량도 급격히 증가한다.
③ 결로현상은 품온과 외기온도의 차이가 클 때 많이 발생한다.

08 일반적으로 단감은 APC에서 11월경에 0.06mm 폴리에틸렌(PE) 필름에 5개씩 밀봉하여 저장 및 유통을 한다. 다음 물음에 답하시오. (단, 단감의 수분함량은 90%, 저장온도는 0℃이다.) [4점]

① 밀봉 1개월이 지난 후에 필름내 상대습도를 쓰시오.
② 저온저장 2~3개월 후에도 밀봉한 단감이 물러지지 않고, 단단함을 유지하는 이유를 쓰시오.

정답 ① 수분함량과 비슷한 90%가 유지된다.
② 0.06mm 폴리에틸렌 봉지에 단감을 밀봉 저장하면 단감의 호흡에 의해 산소 농도가 감소하고 이산화탄소 농도가 증가하여 호흡이 억제되고 이에 따라 노화가 지연되기 때문이다.

09 배의 수확 후 생리적 장해증상에 관한 설명이다. 〈보기 1〉에 해당하는 생리적 장해를 쓰고, 이를 억제할 수 있는 방법을 〈보기 2〉에서 찾아 해당 번호를 쓰시오. [4점]

┨ 보기 1 ┠

- 배의 품종 중 '추황배', '신고'에서 많이 발생한다.
- 배를 저온저장 할 때 초기에 많이 발생하고, 고습조건에서 더욱 촉진된다.
- 배의 과피에 존재하는 폴리페놀이 산화효소에 의해 멜라닌을 형성하여 과피에 반점을 발생시킨다.

┨ 보기 2 ┠

① 배의 품온을 낮추기 위해 수확 직후 0~2℃의 냉각수로 세척한다.
② 배 수확 직후 온도 30℃, 상대습도 90% 조건에서 5일 정도 저장한다.
③ 배 수확 직후 저장고내에서 이산화탄소를 처리한다. (처리온도 0℃, 상대습도 90%, 이산화탄소 농도 30%, 처리시간 3시간)
④ 배 수확 직후 바람이 잘 통하는 곳에서 7~10일간 통풍처리를 한 다음 저장한다.

정답 과피흑변, ④

해설 배의 과피흑변현상

1. 증상
   저장중인 배의 표피가 흑갈색으로 변하는 증상으로 초기에는 작은 반점이 발생하지만 점차 큰 반점으로 확대된다.

2. 원인
   과피에 함유되어 있는 폴리페놀화합물이 산화효소인 폴리페놀 옥시다아제(Polyphenol Oxydase)의 작용을 받아 변색이 된다. 저장고의 다습조건은 폴리페놀 옥시다아제의 활성도를 높혀 과피흑변의 발생을 증가시킨다. 저장고의 온도를 3~5℃로 저온 저장할 경우에는 상온저장에 비하여 과피흑변이 더 많이 발생한다.

3. 억제방법
   ㉠ 염화칼리를 사용하면 과피의 폴리페놀함량이 줄어들어 과피흑변발생을 억제할 수 있다.
   ㉡ 봉지를 씌우지 않고 재배하거나 봉지를 씌우더라도 다중봉지는 피한다.
   ㉢ 수확 15일 전에 봉지를 벗긴다.
   ㉣ 수확 후 상온에 통풍이 잘되는 곳에 약 10일 정도 예냉을 시키면 발생을 줄일 수 있다.
   ㉤ 38℃에서 2일, 또는 48℃에서 2시간 열처리하면 과피흑변의 발생을 줄일 수 있다.

10 다음과 같은 설명에 적합한 ① 수확 후 처리기술과 ② 이에 알맞은 원예작물 2개를 쓰시오. [4점]

> • 수확 시 발생한 물리적 상처를 제어한다.
> • 상처제어 시 코르크층을 형성하여 수분증발 및 미생물 침입을 억제한다.
> • 수확 후 처리조건은 일반적으로 저온보다는 고온이다.

정답 ① 큐어링(curing, 치유) ② 감자, 고구마

해설 큐어링
(1) 큐어링의 의의
   ① 땅속에서 자라는 감자, 고구마는 수확 시 많은 물리적 상처를 입게 되고 마늘, 양파 등 인경채류는 잘라낸 줄기 부위가 제대로 아물어야 장기저장이 가능하다. 이와 같이 원예산물이 받은 상처를 치유하는 것을 큐어링이라고 한다.
   ② 큐어링은 원예산물의 상처를 아물게 하고 코르크층을 형성시킴으로써 수분의 증발을 막고 미생물의 침입을 방지하여 원예산물의 저장성을 높인다.
   ③ 큐어링은 당화를 촉진시켜 단맛을 증대시킨다.
(2) 원예산물의 큐어링
   ① 감자
      수확 후 온도 15~20℃, 습도 85~90%에서 2주일 정도 큐어링하면 코르크층이 형성되어 수분손실과 부패균의 침입을 막을 수 있다.
   ② 고구마
      수확 후 1주일 이내에 온도 30~33℃, 습도 85~90%에서 4~5일간 큐어링한 후 열을 방출시키고 저장하면 상처가 치유되고 당분함량이 증가한다.
   ③ 양파
      온도 34℃, 습도 70~80%에서 4~7일간 큐어링한다. 고온다습에서 검은 곰팡이병이 생길 수 있기 때문에 유의해야 한다.
   ④ 마늘
      온도 35~40℃, 습도 70~80%에서 4~7일간 큐어링한다.

※ 서술형 문제에 대해 답하시오. (11~20번 문제)

11 농산물품질관리사는 해외로 수출되는 한국산 원예작물의 검역과정에서 아래와 같은 증상을 발견하였다. 다음 물음에 답하시오. [7점]

> • 증상 1): 딸기, 포도, 복숭아의 과피나 과경에 미생물에 의한 부패 발생
> • 증상 2): 참외 과피에 반점이 생기고, 하얀 골에도 갈변이 발생
> • 증상 3): 단감은 필름에 밀봉되어 있는데 필름 내부에 이슬이 맺혀서 단감이 잘 보이지 않음

① 증상 1)이 발생되지 않도록 하는 방법을 쓰시오.
② 증상 2)의 발생원인과 예방법을 쓰시오.
③ 증상 3)의 발생이 억제되도록 고안된 필름이 무엇인지 쓰시오.

정답 ① 유황훈증처리
② 원인: 저온장해, 예방: 4.5℃로 예냉한 후 6~10℃로 저장한다.
③ 방담필름

해설 ① 유황훈증소독은 유황을 씌어 소독하는 것을 말한다. 유황훈증처리를 통해 미생물에 의한 부패 발생을 억제할 수 있다.
② 오이, 수박, 참외 등 박과채소는 저온장해에 민감하다. 참외 표피의 색상이 변하는 증상은 저온장해이다. 참외의 저온장해를 예방하기 위해서는 수확 후 4.5℃로 예냉한 후 6~10℃로 저장하는 것이다.

12 APC에서 5개월 저장된 사과(후지)를 대량으로 구매한 대형마트의 농산물 판매책임자는 사과를 판매한 후에 소비자로부터 다음과 같은 불만을 들었다. 다음 물음에 답하시오. [6점]

> 〈불 만〉
> "사과 과육이 부분적으로 갈변이 되어서 먹을 수가 없다."

① 불만이 발생한 사과의 생리적 원인을 쓰시오.
② 불만을 해결하기 위한 사과 저장기간 동안의 수확 후 관리 방법을 쓰시오.

정답 ① 사과의 내부갈변은 고농도의 이산화탄소에 의해 발생한다.
② 저장기간 동안 저장고의 공기 환기를 자주하여, 저장고 내의 이산화탄소 축적을 방지하여야 한다.

해설 사과의 내부갈변은 고농도의 이산화탄소에 의해 발생한다. 후지사과는 이산화탄소 농도가 0.5% 이상이 되면 페놀화합물의 산화효소작용으로 내부갈변이 발생한다. 이를 방지하기 위해서는 저장기간 동안 저장고의 공기 환기를 자주하여, 저장고 내의 이산화탄소 축적을 방지하여야 한다.

13 APC에서 사과(홍로)와 혼합 저장한 브로콜리에 생리적 장해가 발생하여 판매를 할 수 없는 상황이 발생하였다. 다음 물음에 답하시오. [7점]

〈저장조건 및 장해증상〉

저장조건	• 저장온도 0℃, 상대습도 90% (저장고 규모 30평, 높이 6m, 온도편차 상하 1℃)
저장기간	• 4주
혼합품목	• 사과(홍로), 브로콜리
저장물량	• 사과(홍로) 2,000상자(20kg/PT 상자) • 브로콜리 100상자(8kg/PT 상자) ※ 단, 모든 품목은 MA처리를 하지 않음
생리적 장해증상	• 브로콜리: 황화현상

① 위와 같은 생리적 장해증상의 발생 원인을 쓰시오.
② 위와 같은 생리적 장해증상을 저장 초기에 경감하기 위한 유용한 방법 2가지를 쓰시오.

정답 ① 사과에서 발생하는 에틸렌 가스에 의해 나타나는 생리적 장해이다.
② CA 처리, 1-MCP 처리

해설 (1) 에틸렌 발생과 원예산물 저장 시 주의사항
① 에틸렌을 다량으로 발생하는 품종과 그렇지 않은 품종을 같은 장소에 저장하지 않도록 하여야 한다. 사과, 복숭아, 토마토, 바나나 등은 에틸렌을 다량으로 발생하는 품종이며, 감귤류, 포도, 신고배, 딸기, 엽채류, 근채류 등은 에틸렌을 미량으로 발생하는 품종이다.
② 엽근채류는 에틸렌 발생이 매우 적지만 주위의 에틸렌에 의해서 쉽게 피해를 본다. 에틸렌의 피해로 상추나 배추는 갈변현상이 나타나고 브로콜리, 오이 등은 황화현상이 나타나며, 당근은 쓴 맛이 나타난다.
(2) CA저장의 원리
CA처리를 하면 채소류의 엽록소 분해가 억제되어 황변(黃變)을 막아주고, 에틸렌의 생성이 억제된다.
(3) 에틸렌 억제 방법
① 과망간산칼륨, 목탄, 활성탄, zeolite 같은 흡착제를 사용하여 에틸렌을 흡착한다.
② 1-MCP는 과일과 채소의 에틸렌 수용체에 결합함으로써 에틸렌의 작용을 근본적으로 차단한다. 따라서 1-MCP는 에틸렌에 의해 유기되는 숙성과 품질변화에 대한 억제제로서 활용될 수 있다.

14 다음은 A집단급식소 메뉴 게시판의 원산지 표시이다. 표시방법이 잘못된 부분을 모두 찾아 번호와 그 이유를 쓰시오. (단, 돼지갈비는 국내산 30%, 호주산 70% 사용) [6점]

> 〈메뉴 게시판〉
>
> ① 등심(소고기: 국내산)　　　　　② 공기밥(쌀: 국내산)
> ③ 훈제오리(오리고기: 중국산)　　④ 돼지갈비(돼지고기: 국내산, 호주산)

정답 ① 국내산의 경우 "국내산"으로 표시하고, 식육의 종류를 한우, 젖소, 육우로 구분하여 표시한다. 등심(국내산 육우)
ᅠ④ 원산지가 다른 2개 이상의 동일 품목을 섞은 경우에는 섞음 비율이 높은 순서대로 표시한다. 돼지갈비(호주산과 국내산 돼지고기를 섞음)

해설 농수산물의 원산지 표시 등에 관한 법률 시행규칙 [별표 4] 〈개정 2020. 4. 27.〉
[영업소 및 집단급식소] 원산지 표시대상별 표시방법
가. 축산물의 원산지 표시방법: 축산물의 원산지는 국내산(국산)과 외국산으로 구분하고, 다음의 구분에 따라 표시한다.
ᅠ1) 소고기
ᅠᅠ가) 국내산(국산)의 경우 "국산"이나 "국내산"으로 표시하고, 식육의 종류를 한우, 젖소, 육우로 구분하여 표시한다. 다만, 수입한 소를 국내에서 6개월 이상 사육한 후 국내산(국산)으로 유통하는 경우에는 "국산"이나 "국내산"으로 표시하되, 괄호 안에 식육의 종류 및 출생국가명을 함께 표시한다.

> [예시] 소갈비(소고기: 국내산 한우), 등심(소고기: 국내산 육우), 소갈비(소고기: 국내산 육우(출생국: 호주))

ᅠᅠ나) 외국산의 경우에는 해당 국가명을 표시한다.

> [예시] 소갈비(소고기: 미국산)

ᅠ2) 돼지고기, 닭고기, 오리고기 및 양고기(염소 등 산양 포함)
ᅠᅠ가) 국내산(국산)의 경우 "국산"이나 "국내산"으로 표시한다. 다만, 수입한 돼지 또는 양을 국내에서 2개월 이상 사육한 후 국내산(국산)으로 유통하거나, 수입한 닭 또는 오리를 국내에서 1개월 이상 사육한 후 국내산(국산)으로 유통하는 경우에는 "국산"이나 "국내산"으로 표시하되, 괄호 안에 출생국가명을 함께 표시한다.

> [예시] 삼겹살(돼지고기: 국내산), 삼계탕(닭고기: 국내산), 훈제오리(오리고기: 국내산), 삼겹살(돼지고기: 국내산(출생국: 덴마크)), 삼계탕(닭고기: 국내산(출생국: 프랑스)), 훈제오리(오리고기: 국내산(출생국: 중국))

ᅠᅠ나) 외국산의 경우 해당 국가명을 표시한다.

> [예시] 삼겹살(돼지고기: 덴마크산), 염소탕(염소고기: 호주산), 삼계탕(닭고기: 중국산), 훈제오리(오리고기: 중국산)

나. 쌀(찹쌀, 현미, 찐쌀을 포함한다. 이하 같다) 또는 그 가공품의 원산지 표시방법: 쌀 또는 그 가공품의
　　원산지는 국내산(국산)과 외국산으로 구분하고, 다음의 구분에 따라 표시한다.
　　1) 국내산(국산)의 경우 "밥(쌀: 국내산)", "누룽지(쌀: 국내산)"로 표시한다.
　　2) 외국산의 경우 쌀을 생산한 해당 국가명을 표시한다.

> [예시] 밥(쌀: 미국산), 죽(쌀: 중국산)

다. 배추김치의 원산지 표시방법
　　1) 국내에서 배추김치를 조리하여 판매·제공하는 경우에는 "배추김치"로 표시하고, 그 옆에 괄호로
　　　배추김치의 원료인 배추(절인 배추를 포함한다)의 원산지를 표시한다. 이 경우 고춧가루를 사용한
　　　배추김치의 경우에는 고춧가루의 원산지를 함께 표시한다.

> [예시] – 배추김치(배추: 국내산, 고춧가루: 중국산), 배추김치(배추: 중국산, 고춧가루: 국내산)
> 　　　 – 고춧가루를 사용하지 않은 배추김치: 배추김치(배추: 국내산)

　　2) 외국에서 제조·가공한 배추김치를 수입하여 조리하여 판매·제공하는 경우에는 배추김치를 제조
　　　·가공한 해당 국가명을 표시한다.

> [예시] 배추김치(중국산)

라. 콩(콩 또는 그 가공품을 원료로 사용한 두부류·콩비지·콩국수)의 원산지 표시방법: 두부류, 콩비지,
　　콩국수의 원료로 사용한 콩에 대하여 국내산(국산)과 외국산으로 구분하여 다음의 구분에 따라 표시
　　한다.
　　1) 국내산(국산) 콩 또는 그 가공품을 원료로 사용한 경우 "국산"이나 "국내산"으로 표시한다.

> [예시] 두부(콩: 국내산), 콩국수(콩: 국내산)

　　2) 외국산 콩 또는 그 가공품을 원료로 사용한 경우 해당 국가명을 표시한다.

> [예시] 두부(콩: 중국산), 콩국수(콩: 미국산)

15 국립농산물품질관리원 소속 공무원 A는 공영도매시장에 2018년 7월 출하된 등급이 '특'으로
표시된 표준규격품 일반 토마토 1상자(5kg들이, 26과)를 표본으로 추출하여 계측한 결과 다음과
같았다. 국립농산물품질관리원장은 계측 결과를 근거로 출하자에게 표준규격품 표시위반으로
행정처분을 하였다. ① <u>계측결과를 종합하여 판정한 등급</u>과 ② <u>그 이유</u>, 출하자에게 적용된
농수산물품질관리법령에 따른 ③ <u>행정처분 기준</u>을 쓰시오. (단, 의무표시사항 중 등급 이외
항목은 모두 적정하게 표시되었고, 위반회수는 1차임) [6점]

1과의 무게 분포	계측결과
• 210g 이상 ~ 250g 미만: 1과 • 180g 이상 ~ 210g 미만: 24과 • 150g 이상 ~ 180g 미만: 1과	• 색택: 착색상태가 균일하고, 각 과의 착색비율이 전체 면적의 10% 내외임 • 신선도: 꼭지가 시들지 않고 껍질의 탄력이 뛰어남 • 꽃자리 흔적: 거의 눈에 띄지 않음 • 중결점과 및 경결점과: 없음

② 낱개의 고르기 항목이 7.6%로 「상」 등급 기준인 10% 이하에 해당되며, 색택 항목은 「특」 등급 기준인 10% 내외에 해당되고, 신선도 항목은 「특」 등급 기준인 꼭지가 시들지 않고 껍질의 탄력이 뛰어난 것에 해당되며, 꽃자리 흔적 항목은 「특」 등급 기준인 거의 눈에 띄지 않은 것에 해당되고, 결점과 항목에서는 「특」의 기준에 해당되어 낱개의 고르기 「상」, 색택 「특」, 신선도 「특」, 꽃자리 흔적 「특」, 결점과 「특」이므로 종합판정은 「상」으로 판정함

③ 내용과 다르게 거짓표시나 과장된 표시를 한 경우에 해당되며 위반횟수 1회이다. 따라서 표시정지 1개월의 행정처분을 받게 된다.

해설 농산물 표준규격 [시행 2020. 10. 14.] [국립농산물품질관리원고시 제2020-16호, 2020. 10. 14., 일부개정]

농산물 표준규격
토마토

[규격번호: 2051]

Ⅰ. 적용 범위

본 규격은 국내에서 생산되어 신선한 상태로 유통되는 토마토에 적용하며, 가공용 또는 수출용에는 적용하지 않는다.

Ⅱ. 등급 규격

항목＼등급	특	상	보통
① 낱개의 고르기	별도로 정하는 크기 구분표 [표 1]에서 무게가 다른 것이 5% 이하인 것. 단, 크기 구분표의 해당 무게에서 1단계를 초과할 수 없다.	별도로 정하는 크기 구분표 [표 1]에서 무게가 다른 것이 10% 이하인 것. 단, 크기 구분표의 해당 무게에서 1단계를 초과할 수 없다.	특·상에 미달하는 것
② 색택	출하 시기별로 [표 2]의 착색기준에 맞고, 착색 상태가 균일한 것	출하 시기별로 [표 2]의 착색기준에 맞고, 착색 상태가 균일한 것	특·상에 미달하는 것
③ 신선도	꼭지가 시들지 않고 껍질의 탄력이 뛰어난 것	꼭지가 시들지 않고 껍질의 탄력이 양호한 것	특·상에 미달하는 것
④ 꽃자리 흔적	거의 눈에 띄지 않은 것	두드러지지 않은 것	특·상에 미달하는 것
⑤ 중결점과	없는 것	없는 것	5% 이하인 것(부패·변질과는 포함할 수 없음)
⑥ 경결점과	없는 것	5% 이하인 것	20% 이하인 것

[표 1] 크기 구분

구분	호칭	3L	2L	L	M	S	2S
1과의 무게(g)	일반계	300 이상	250 이상 ~ 300 미만	210 이상 ~ 250 미만	180 이상 ~ 210 미만	150 이상 ~ 180 미만	100 이상 ~ 150 미만
	중소형계 (흑토마토)	90 이상	80 이상 ~ 90 미만	70 이상 ~ 80 미만	60 이상 ~ 70 미만	50 이상 ~ 60 미만	50 미만
	소형계 (캄파리)	–	50 이상	40 이상 ~ 50 미만	30 이상 ~ 40 미만	20 이상 ~ 30 미만	20 미만

[표 2] 착색 기준

출하시기	착 색 비 율	
	완숙 토마토	일반 토마토
3월 ~ 5월	전체 면적의 60% 내외	전체 면적의 20% 내외
6월 ~ 10월	전체 면적의 50% 내외	전체 면적의 10% 내외
11월~익년 2월	전체 면적의 70% 내외	전체 면적의 30% 내외

용어의 정의

① 착색비율은 낱개별로 전체 면적에 대한 품종 고유의 색깔이 착색된 면적의 비율을 말한다.

② 중결점과는 다음의 것을 말한다.

　　㉠ 이품종과: 품종이 다른 것

　　㉡ 부패, 변질과: 과육이 부패 또는 변질된 것

　　㉢ 과숙과: 색깔 또는 육질로 보아 성숙이 지나친 것

　　㉣ 병충해과: 배꼽썩음병 등 병해충의 피해가 것. 다만 경미한 것은 제외한다.

　　㉤ 상해과: 생리장해로 육질이 섬유질화한 것. 열상, 자상, 압상 등의 상처가 있는 것. 다만 경미한 것은 제외한다.

　　㉥ 형상불량과: 품종의 특성이 아닌 타원과, 선첨과(先尖果), 난형과(亂形果), 공동과(空胴果) 등 기형과 및 열과(裂果)

③ 경결점과는 다음의 것을 말한다.

　　㉠ 형상 불량 정도가 경미한 것

　　㉡ 중결점에 속하지 않는 상처가 있는 것

　　㉢ 병충해, 상해의 정도가 경미한 것

　　㉣ 기타 결점정도가 경미한 것

■ 농수산물 품질관리법 시행령 [별표 1] 〈개정 2021. 12. 28.〉

시정명령 등의 처분기준(제11조 및 제16조 관련)

1. 일반기준

　가. 위반행위가 둘 이상인 경우

　　　1) 각각의 처분기준이 시정명령, 인증취소 또는 등록취소인 경우에는 하나의 위반행위로 간주한다. 다만 각각의 처분기준이 표시정지인 경우에는 각각의 처분기준을 합산하여 처분할 수 있다.

　　　2) 각각의 처분기준이 다른 경우에는 그 중 무거운 처분기준을 적용한다. 다만, 각각의 처분기준이 표시정지인 경우에는 무거운 처분기준의 2분의 1까지 가중할 수 있으며, 이 경우 각 처분기준을 합산한 기간을 초과할 수 없다.

나. 위반행위의 횟수에 따른 행정처분의 기준은 최근 1년간 같은 위반행위로 행정처분을 받는 경우에 적용한다. 이 경우 행정처분 기준의 적용은 같은 위반행위에 대하여 최초로 행정처분을 한 날과 다시 같은 위반행위로 적발한 날을 기준으로 한다.

다. 생산자단체의 구성원의 위반행위에 대해서는 1차적으로 위반행위를 한 구성원에 대하여 행정처분을 하되, 그 구성원이 소속된 조직 또는 단체에 대해서는 그 구성원의 위반의 정도를 고려하여 처분을 경감하거나 그 구성원에 대한 처분기준보다 한 단계 낮은 처분기준을 적용한다.

라. 위반행위의 내용으로 보아 고의성이 없거나 특별한 사유가 있다고 인정되는 경우에는 그 처분을 표시정지의 경우에는 2분의 1의 범위에서 경감할 수 있고, 인증취소·등록취소인 경우에는 6개월 이상의 표시정지 처분으로 경감할 수 있다.

2. 개별기준

가. 표준규격품

위반행위	근거 법조문	행정처분 기준		
		1차 위반	2차 위반	3차 위반
1) 법 제5조제2항에 따른 표준규격품 의무 표시사항이 누락된 경우	법 제31조 제1항제3호	시정명령	표시정지 1개월	표시정지 3개월
2) 법 제5조제2항에 따른 표준규격이 아닌 포장재에 표준규격품의 표시를 한 경우	법 제31조 제1항제1호	시정명령	표시정지 1개월	표시정지 3개월
3) 법 제5조제2항에 따른 표준규격품의 생산이 곤란한 사유가 발생한 경우	법 제31조 제1항제2호	표시정지 6개월		
4) 법 제29조제1항을 위반하여 내용물과 다르게 거짓표시나 과장된 표시를 한 경우	법 제31조 제1항제3호	표시정지 1개월	표시정지 3개월	표시정지 6개월

16 농산물품질관리사가 장미(스탠다드) 1상자(20묶음 200본)를 계측한 결과 다음과 같았다. 다음에서 농산물 표준규격에 따른 항목별 등급(①~③)을 쓰고, 이를 종합하여 판정한 등급(④)과 이유(⑤)를 쓰시오. (단, 크기의 고르기는 9묶음 추출하고, 주어진 항목 이외는 등급판정에 고려하지 않음) [6점]

평균길이 계측결과	개화정도 및 결점
• 평균 50cm짜리 1묶음 • 평균 62cm짜리 5묶음 • 평균 68cm짜리 3묶음	• 개화정도: 꽃봉오리가 1/5 정도 개화됨 • 결점: 품종 고유의 모양이 아닌 것 2본, 손질 정도가 미비한 것 5본

항목	해당 등급	종합판정 및 이유
가. 크기의 고르기	(①)	라. 등급: (④)
나. 개화정도	(②)	마. 이유: (⑤)
다. 결점	(③)	

① 특
② 특
③ 상
④ 상
⑤ 크기의 고르기 항목은 0%로 「특」 등급 기준인 크기가 다른 것이 없는 것에 해당되며, 개화정도 항목이 「특」 등급 기준인 꽃봉오리가 1/5 정도 개화된 것에 해당되고, 중결점 항목이 0%로 「특」 등급 기준인 없는 것에 해당되며, 경결점 항목이 3.5%로 「상」 등급 기준인 5% 이하에 해당되어 크기의 고르기 「특」, 개화정도 「특」, 결점과 「상」이므로 종합판정은 「상」으로 판정함

① 크기의 고르기 항목은 0%로 「특」 등급 기준인 크기가 다른 것이 없는 것에 해당된다.
② 개화정도 항목이 「특」 등급 기준인 꽃봉오리가 1/5 정도 개화된 것에 해당된다.
③ 중결점 항목이 0%로 「특」 등급 기준인 없는 것에 해당되고, 경결점 항목이 3.5%로 「상」 등급 기준인 5% 이하에 해당되어 결점과 항목은 「상」으로 판정한다.

농산물 표준규격 [시행 2020. 10. 14.] [국립농산물품질관리원고시 제2020-16호, 2020. 10. 14., 일부개정]

농산물 표준규격
장 미

[규격번호: 8031]

Ⅰ. 적용 범위
　본 규격은 국내에서 생산되어 신선한 상태로 유통되는 장미에 적용하며, 수출용에는 적용하지 않는다.

Ⅱ. 등급 규격

항목 ＼ 등급	특	상	보통
① 크기의 고르기	크기 구분표 [표 1]에서 크기가 다른 것이 없는 것	크기 구분표 [표 1]에서 크기가 다른 것이 5% 이하인 것	크기 구분표 [표 1]에서 크기가 다른 것이 10% 이하인 것
② 꽃	품종 고유의 모양으로 색택이 선명하고 뛰어난 것	품종 고유의 모양으로 색택이 선명하고 양호한 것	특·상에 미달하는 것
③ 줄기	세력이 강하고, 휘지 않으며 굵기가 일정한 것	세력이 강하고, 휘어진 정도가 약하며 굵기가 비교적 일정한 것	특·상에 미달하는 것
④ 개화정도	• 스탠다드: 꽃봉오리가 1/5 정도 개화된 것 • 스프레이: 꽃봉오리가 1~2개 정도 개화된 것	• 스탠다드: 꽃봉오리가 2/5 정도 개화된 것 • 스프레이: 꽃봉오리가 3~4개 정도 개화된 것	특·상에 미달하는 것
⑤ 손질	마른 잎이나 이물질이 깨끗이 제거된 것	마른 잎이나 이물질 제거가 비교적 양호한 것	특·상에 미달하는 것
⑥ 중결점	없는 것	없는 것	5% 이하인 것
⑦ 경결점	3% 이하인 것	5% 이하인 것	10% 이하인 것

[표 1] 크기 구분

구분	호칭	1급	2급	3급	1묶음의 본수(본)
1묶음 평균의 꽃대 길이(cm)	스탠다드	80 이상	70 이상 ~ 80 미만	20 이상 ~ 70 미만	10
	스프레이	70 이상	60 이상 ~ 70미만	30 이상 ~ 60 미만	5 또는 10

용어의 정의

① 크기의 고르기는 매 포장 단위마다 상단·중단·하단에서 각각 3묶음씩 총 9묶음의 표본을 추출하여 해당 크기 구분표 [표 1]에서 크기가 다른 것의 개수비율을 말한다.

② 결점 혼입률은 포장 단위별로 전체 본에 대한 결점본의 개수비율을 말한다.

③ 중결점은 다음의 것을 말한다.
　㉠ 이품종화: 품종이 다른 것
　㉡ 상처: 자상, 압상 동상, 열상 등이 있는 것
　㉢ 병충해: 병해, 충해 등의 피해가 심한 것
　㉣ 생리장해: 꽃목굽음, 기형화 등의 피해가 심한 것
　㉤ 형상불량, 파손, 굽힘, 개화 차이가 심히 불량한 것
　㉥ 기타 결점의 정도가 현저하게 품위에 영향을 미치는 것

④ 경결점은 다음의 것을 말한다.
　㉠ 품종 고유의 모양이 아닌 것
　㉡ 경미한 약해, 생리장해, 상처, 농약살포 등으로 외관이 떨어지는 것
　㉢ 손질 정도가 미비한 것
　㉣ 기타 결점의 정도가 경미한 것

17 생산자 K는 사과(품종: 홍옥)를 도매시장에 출하하기 위해 표본으로 1상자(10kg들이)를 계측한 결과 다음과 같았다. 농산물 표준규격에 따른 항목별 등급(① ~ ③)을 쓰고, 이를 종합하여 판정한 등급(④)과 이유(⑤)를 쓰시오. (단, 주어진 항목 이외는 등급판정에 고려하지 않음) [6점]

항목	크기 구분	착색 비율	결점과
계측결과 (40과)	2L: 1과 L: 38과 M: 1과	75%	• 생리장해 등으로 외관이 떨어지는 것: 2개 • 품종 고유의 모양이 아닌 것: 1개 • 꼭지가 빠진 것: 1개

항목	해당 등급	종합판정 및 이유
가. 낱개의 고르기	(①)	라. 등급: (④)
나. 색택	(②)	마. 이유: (⑤)
다. 결점과	(③)	

정답 ① 상

② 특

③ 상

④ 상

⑤ 낱개의 고르기 항목이 5%로 「상」 등급 기준인 5% 이하에 해당되며, 색택 항목이 착색비율 75%로 「특」 등급 기준인 70% 이상에 해당되고, 중결점이 없으므로 「특」에 해당되나 경결점 항목이 10%로 「상」 등급 기준인 10% 이하에 해당되어 결점과 항목은 「상」으로 판정되어, 낱개의 고르기 「상」, 색택 「특」, 결점과 「상」이므로 종합판정은 「상」으로 판정함

해설 ① 낱개의 고르기 5%로 「상」 등급 기준인 5% 이하에 해당됨

② 착색비율 75%로 「특」 등급 기준인 70% 이상에 해당됨

③ 중결점이 없으므로 「특」에 해당되나 경결점 항목이 10%로 「상」 등급 기준인 10% 이하에 해당되어 결점과 항목은 「상」으로 판정함

농산물 표준규격 [시행 2020. 10. 14.] [국립농산물품질관리원고시 제2020-16호, 2020. 10. 14., 일부개정]

농산물 표준규격
사 과

[규격번호: 1011]

Ⅰ. **적용 범위**

본 규격은 국내에서 생산되어 신선한 상태로 유통되는 사과에 적용하며, 가공용 또는 수출용에는 적용하지 않는다.

Ⅱ. **등급 규격**

항목 \ 등급	특	상	보통
① 낱개의 고르기	별도로 정하는 크기 구분표 [표 1]에서 무게가 다른 것이 섞이지 않은 것	별도로 정하는 크기 구분표 [표 1]에서 무게가 다른 것이 5% 이하인 것. 단, 크기 구분표의 해당 무게에서 1단계를 초과 할 수 없다.	특·상에 미달하는 것
② 색택	별도로 정하는 품종별/등급별 착색비율 [표 2]에서 정하는 「특」이외의 것이 섞이지 않은 것 단, 쓰가류(비착색계)는 적용하지 않음	별도로 정하는 품종별/등급별 착색비율 [표 2]에서 정하는 「상」에 미달하는 것이 없는 것 단, 쓰가류(비착색계)는 적용하지 않음	별도로 정하는 품종별/등급별 착색비율 [표 2]에서 정하는 「보통」에 미달하는 것이 없는 것
③ 신선도	윤기가 나고 껍질의 수축현상이 나타나지 않은 것	껍질의 수축현상이 나타나지 않은 것	특·상에 미달하는 것
④ 중결점과	없는 것	없는 것	5% 이하인 것(부패·변질과는 포함할 수 없음)
⑤ 경결점과	없는 것	10% 이하인 것	20% 이하인 것

[표 1] 크기 구분

구분＼호칭	3L	2L	L	M	S	2S
g/개	375 이상	300 이상 ~ 375 미만	250 이상 ~ 300 미만	214 이상 ~ 250 미만	188 이상 ~ 214 미만	167 이상 ~ 188 미만

[표 2] 품종별/등급별 착색비율

품종＼등급	특	상	보통
홍옥, 홍로, 화홍, 양광 및 이와 유사한 품종	70% 이상	50% 이상	30% 이상
후지, 조나골드, 세계일, 추광, 서광, 선홍, 새나라 및 이와 유사한 품종	60% 이상	40% 이상	20% 이상
쓰가루(착색계) 및 이와 유사한 품종	20% 이상	10% 이상	–

용어의 정의

① 착색비율은 낱개별로 전체 면적에 대한 품종 고유의 색깔이 착색된 면적의 비율을 말한다.
② 중결점과는 다음의 것을 말한다.
　㉠ 이품종과: 품종이 다른 것
　㉡ 부패, 변질과: 과육이 부패 또는 변질된 것(과숙에 의해 육질이 변질된 것을 포함한다.)
　㉢ 미숙과: 당도, 경도, 착색으로 보아 성숙이 현저하게 덜된 것(성숙 이전에 인공 착색한 것을 포함한다.)
　㉣ 병충해과: 탄저병, 검은별무늬병(흑성병), 겹무늬썩음병, 복숭아심식나방 등 병해충의 피해가 과육까지 미친 것
　㉤ 생리장해과: 고두병, 과피 반점이 과실표면에 있는 것
　㉥ 내부갈변과: 갈변증상이 과육까지 미친 것
　㉦ 상해과: 열상, 자상 또는 압상이 있는 것. 다만 경미한 것은 제외한다.
　㉧ 모양: 모양이 심히 불량한 것
　㉨ 기타: 경결점과에 속하는 사항으로 그 피해가 현저한 것
③ 경결점과는 다음의 것을 말한다.
　㉠ 품종 고유의 모양이 아닌 것
　㉡ 경미한 녹, 일소, 약해, 생리장해 등으로 외관이 떨어지는 것
　㉢ 병해충의 피해가 과피에 그친 것
　㉣ 경미한 찰상 등 중결점과에 속하지 않는 상처가 있는 것
　㉤ 꼭지가 빠진 것
　㉥ 기타 결점의 정도가 경미한 것

18 올해 생산한 벼를 가공한 찰현미 1포대(10kg들이)의 품위를 계측한 결과가 다음과 같았다. 농산물 표준규격에 따른 ① 등급을 판정하고, ② 그 이유를 쓰시오. (단, 주어진 항목 이외는 등급판정에 고려하지 않음) [5점]

항목	수분	정립	피해립	사미	메현미
계측 결과(%)	15.5	91.2	2.8	3.4	2.0

정답 ① 상

② 수분 「특」, 정립 「특」, 피해립 「특」, 사미 「상」, 메현미 「특」이므로 종합판정은 「상」으로 판정함

해설 농산물 표준규격 [시행 2020. 10. 14.] [국립농산물품질관리원고시 제2020-16호, 2020. 10. 14., 일부개정]

농산물 표준규격
현 미

[규격번호 : 7013]

Ⅰ. 적용 범위

본 규격은 국내에서 생산하여 유통되는 메·찰현미에 적용하며, 가공용 또는 수출용에는 적용하지 않는다.

Ⅱ. 등급 규격

1. 특
   ① 모양: 품종 고유의 모양으로 낱알 표면의 긁힘이 거의 없고 광택이 뛰어나며 낱알이 충실하고 고른 것
   ② 용적중(g/ℓ): 810 이상인 것
   ③ 정립: 85.0% 이상인 것
   ④ 수분: 16.0% 이하인 것
   ⑤ 사미: 3.0% 이하인 것
   ⑥ 피해립: 5.0% 이하인 것
   ⑦ 열손립: 0.0% 이하인 것
   ⑧ 메현미 혼입: 3.0% 이하인 것(찰현미에만 적용)
   ⑨ 돌: 없는 것
   ⑩ 뉘, 이종곡립(1.5kg중): 없는 것
   ⑪ 이물: 0.0% 이하인 것
   ⑫ 조건: 생산 연도가 다른 현미가 혼입된 경우나, 수확 연도로부터 1년이 경과되면 「특」이 될 수 없음

2. 상
   ① 모양: 품종 고유의 모양으로 낱알 표면의 긁힘이 거의 없고 광택이 뛰어나며 낱알이 충실하고 고른 것
   ② 용적중(g/ℓ): 800 이상인 것
   ③ 정립: 75.0% 이상인 것
   ④ 수분: 16.0% 이하인 것
   ⑤ 사미: 6.0% 이하인 것

⑥ 피해립: 7.0% 이하인 것

⑦ 열손립: 0.1% 이하인 것

⑧ 메현미 혼입: 8.0% 이하인 것(찰현미에만 적용)

⑨ 돌: 없는 것

⑩ 뉘, 이종곡립(1.5kg중): 없는 것

⑪ 이물: 0.3% 이하인 것

3. 보통

① 모양: 특·상에 미달하는 것

② 용적중(g/ℓ중량): 780 이상인 것

③ 정립: 70.0% 이상인 것

④ 수분: 16.0% 이하인 것

⑤ 사미: 10.0% 이하인 것

⑥ 피해립: 10.0% 이하인 것

⑦ 열손립: 0.3% 이하인 것

⑧ 메현미 혼입: 15.0% 이하인 것(찰현미에만 적용)

⑨ 돌: 없는 것

⑩ 뉘, 이종곡립(1.5kg중): 3개 이하인 것

⑪ 이물: 0.5% 이하인 것

용어의 정의

① 백분율(%): 전량에 대한 무게의 비율을 말한다.

② 용적중: 「별표6」「항목별 품위계측 및 감정방법」에 따라 측정한 1ℓ의 무게를 말한다.

③ 정립: 피해립, 사미, 열손립, 미숙립, 뉘, 이종곡립 및 이물을 제외한 낟알을 말한다.

④ 사미: 충실하지 아니한 분상질립(청사미 및 백사미)을 말한다.

⑤ 피해립: 오염된 낟알, 발아립, 병해립, 충해립, 부패립, 기형립, 사미, 싸라기 등을 말한다. 다만 피해가 경미하여 현미의 품질에 영향을 미치지 아니할 정도의 것은 제외한다.

⑥ 열손립: 열에 의하여 변색 또는 손상된 낟알을 말한다. 다만 현미의 품질에 영향을 미치지 아니할 정도의 것은 제외한다.

⑦ 돌: KS A 5101-1(금속 망 체) 중 호칭치수 1.7mm의 금속 망 체로 쳐서 체위에 남은 돌, 콘크리트 조각 등 광물성의 고형물질을 말한다.

⑧ 이종곡립: 현미 1.5kg중 뉘, 현미 이외의 다른 곡립을 말한다.

⑨ 이물: KS A 5101-1(금속 망 체) 중 호칭치수 1.7mm의 금속 망 체로 쳐서 체위에 남은 곡립 외의 것과 체를 통과한 것을 말한다.

19 농산물품질관리사가 시중에 유통되고 있는 양파 1망(20kg들이)을 농산물 표준규격에 따라 품위를 계측한 결과가 다음과 같았다. 농산물 표준규격에 따른 ① 종합등급을 판정하고, ② 그 이유를 쓰시오. (단, 주어진 항목 이외는 등급판정에 고려하지 않음) [5점]

항목	1구의 지름(cm)	결점구
계측결과 (50구)	• 9.0 이상: 1구 • 8.0 이상 ~ 9.0 미만: 46구 • 7.0 이상 ~ 8.0 미만: 3구	• 압상이 육질에 미친 것: 1구 • 병해충의 피해가 외피에 그친 것: 2구

정답 ① 보통
② 낱개의 고르기 항목이 8%로 「특」 등급 기준인 10% 이하에 해당되며, 중결점구 항목이 2%로 「보통」 등급 기준인 5% 이하에 해당되고, 경결점구 항목이 4%로 「특」 등급 기준인 5% 이하에 해당되어 낱개의 고르기 「특」, 중결점구 「보통」, 경결점구 「특」이므로 종합판정은 「보통」으로 판정함

해설 농산물 표준규격 [시행 2020. 10. 14.] [국립농산물품질관리원고시 제2020-16호, 2020. 10. 14., 일부개정]

농산물 표준규격
양 파

[규격번호: 3011]

Ⅰ. 적용 범위
본 규격은 국내에서 생산되어 신선한 상태로 유통되는 양파에 적용하며, 가공용 또는 수출용에는 적용하지 않는다.

Ⅱ. 등급 규격

항목 \ 등급	특	상	보통
① 낱개의 고르기	별도로 정하는 크기 구분표 [표 1]에서 크기가 다른 것이 10% 이하인 것	별도로 정하는 크기 구분표 [표 1]에서 크기가 다른 것이 20% 이하인 것	특·상에 미달하는 것
② 모양	품종 고유의 모양인 것	품종 고유의 모양인 것	특·상에 미달하는 것
③ 색택	품종 고유의 선명한 색택으로 윤기가 뛰어난 것	품종 고유의 선명한 색택으로 윤기가 양호한 것	특·상에 미달하는 것
④ 손질	흙 등 이물이 잘 제거된 것	흙 등 이물이 제거된 것	특·상에 미달하는 것
⑤ 중결점과	없는 것	없는 것	5% 이하인 것(부패·변질구는 포함할 수 없음)
⑥ 경결점과	5% 이하인 것	10% 이하인 것	20% 이하인 것

[표 1] 크기 구분

구분 \ 호칭	2L	L	M	S
1구의 지름 (cm)	9.0 이상	8.0 이상 ~ 9.0 미만	6.0 이상 ~ 8.0 미만	6.0 미만

용어의 정의

① 중결점구는 다음의 것을 말한다.
 ㉠ 부패·변질구: 엽육이 부패 또는 변질된 것
 ㉡ 병충해: 병해충의 피해가 있는 것
 ㉢ 상해구: 자상, 압상이 육질에 미친 것, 심하게 오염된 것
 ㉣ 형상 불량구: 쌍구, 열구, 이형구, 싹이 난 것, 추대된 것
 ㉤ 기타: 경결점구에 속하는 사항으로 그 피해가 현저한 것
② 경결점구는 다음의 것을 말한다.
 ㉠ 품종 고유의 모양이 아닌 것
 ㉡ 병해충의 피해가 외피에 그친 것
 ㉢ 상해 및 기타 결점의 정도가 경미한 것

20 A농가가 멜론(네트계)을 수확하여 선별하였더니 다음과 같았다. 1상자에 4개씩 담아 표준규격품으로 출하하려고 할 때, 등급별로 만들 수 있는 최대 상자수(①~③)와 등급별 상자들의 구성내용(④~⑥)을 쓰시오. (단, '특', '상', '보통' 순으로 포장하여야 하며, 주어진 항목 이외는 등급에 고려하지 않음) [6점]

1개의 무게	총 개수	정상과	결점과
2.7kg	6	4	• 탄저병의 피해가 있는 것: 1개 • 과육의 성숙이 지나친 것: 1개
2.3kg	8	8	
1.9kg	8	6	• 품종 고유의 모양이 아닌 것: 1개 • 탄저병의 피해가 있는 것: 1개
1.5kg	8	6	• 품종 고유의 모양이 아닌 것: 1개 • 열상이 있는 것: 1개

등급	최대상자수	상자별 구성내용
특	(①)	(④)
상	(②)	(⑤)
보통	(③)	(⑥)

※ 구성 내용 예시: (○○kg ○○개), (○○kg ○○개 + ○○kg ○○개), …

정답 ① 3 ② 2 ③ 1
④ (2.3kg 4개), (2.3kg 4개), (1.9kg 4개)
⑤ (2.7kg 4개), (1.5kg 4개)
⑥ (1.9kg 2개 + 1.5kg 2개)

해설 농산물 표준규격 [시행 2020. 10. 14.] [국립농산물품질관리원고시 제2020-16호, 2020. 10. 14., 일부개정]

농산물 표준규격
멜 론

[규격번호: 2091]

Ⅰ. **적용 범위**

본 규격은 국내에서 생산되어 신선한 상태로 유통되는 멜론에 적용하고, 가공용 또는 수출용에는 적용하지 않는다.

Ⅱ. **등급 규격**

항목＼등급	특	상	보통
① 낱개의 고르기	별도로 정하는 크기 구분표 [표 1]에서 무게가 다른 것이 섞이지 않은 것	별도로 정하는 크기 구분표 [표 1]에서 무게가 다른 것이 섞이지 않은 것	특·상에 미달하는 것
② 색택	품종 고유의 모양과 색택이 뛰어나며 네트계 멜론은 그물 모양이 뚜렷하고 균일한 것	품종 고유의 모양과 색택이 양호하며 네트계 멜론은 그물 모양이 양호한 것	특·상에 미달하는 것
③ 신선도, 숙도	꼭지가 시들지 아니하고 과육의 성숙도가 적당한 것	꼭지가 시들지 아니하고 과육의 성숙도가 적당한 것	특·상에 미달하는 것
④ 중결점과	없는 것	없는 것	5% 이하인 것(부패·변질과는 포함할 수 없음)
⑤ 경결점과	없는 것	없는 것	20% 이하인 것

[표 1] **크기 구분**

품종＼호칭		2L	L	M	S
1개의 무게(kg)	네트계	2.6 이상	2.0 이상 ~ 2.6 미만	1.6 이상 ~ 2.0 미만	1.6 미만
	백피계·황피계	2.2 이상	1.8 이상 ~ 2.2 미만	1.3 이상 ~ 1.8 미만	1.3 미만
	파파야계	1.0 이상	0.75 이상 ~ 1.0 미만	0.60 이상 ~ 0.75 미만	0.60 미만

① 중결점과는 다음의 것을 말한다.
  ㉠ 이품종과: 품종이 다른 것
  ㉡ 부패, 변질과: 과육이 부패 또는 변질된 것
  ㉢ 과숙과: 과육의 연화 등 성숙이 지나친 것
  ㉣ 미숙과: 과육의 성숙이 현저하게 덜된 것
  ㉤ 병충해과: 탄저병, 딱정벌레 등 병충해의 피해가 있는 것.
  ㉥ 상해과: 열상, 자상, 압상 등이 있는 것. 다만 경미한 것은 제외한다.
  ㉦ 모 양: 모양이 심히 불량한 것
  ㉧ 기타 결점의 정도가 심한 것
② 경결점과는 다음의 것을 말한다.
  ㉠ 병충해, 상해의 피해가 경미한 것
  ㉡ 품종 고유의 모양이 아닌 것
  ㉢ 기타 결점의 정도가 경미한 것
표준규격이 개정되었음. 개정 전인 출제 당시의 규격에 의함

제14회 농산물품질관리사 2차 시험 기출문제

※ 단답형 문제에 대해 답하시오. (1∼10번 문제)

01 농수산물품질관리법령에 따른 지리적표시의 등록에 관한 설명이다. (　)안에 들어갈 내용을 답란에 쓰시오. [3점]

> 지리적표시 등록 신청 공고결정을 할 경우, 농림축산식품부장관은 신청된 지리적표시가 상표법에 따른 타인의 상표에 저촉되는지에 대하여 미리 (①)의 의견을 들어야 하며, 공고결정을 할 때에는 그 결정 내용을 관보와 인터넷 홈페이지에 공고하고, 공고일부터 (②)개월간 지리적표시 등록 신청서류 및 그 부속서류를 일반인이 열람할 수 있도록 하여야 한다. 또한 누구든지 공고일부터 (③)개월 이내에 이의 사유를 적은 서류와 증거를 첨부하여 농림축산식품부장관에게 이의신청을 할 수 있다.

정답 ① 특허청장 ② 2 ③ 2

해설 **농수산물 품질관리법 [시행 2022. 6. 22.]**
제32조(지리적표시의 등록)
① 농림축산식품부장관 또는 해양수산부장관은 지리적 특성을 가진 농수산물 또는 농수산가공품의 품질 향상과 지역특화산업 육성 및 소비자 보호를 위하여 지리적표시의 등록 제도를 실시한다. 〈개정 2013.3.23.〉
② 제1항에 따른 지리적표시의 등록은 특정지역에서 지리적 특성을 가진 농수산물 또는 농수산가공품을 생산하거나 제조·가공하는 자로 구성된 법인만 신청할 수 있다. 다만, 지리적 특성을 가진 농수산물 또는 농수산가공품의 생산자 또는 가공업자가 1인인 경우에는 법인이 아니라도 등록신청을 할 수 있다.
③ 제2항에 해당하는 자로서 제1항에 따른 지리적표시의 등록을 받으려는 자는 농림축산식품부령 또는 해양수산부령으로 정하는 등록 신청서류 및 그 부속서류를 농림축산식품부령 또는 해양수산부령으로 정하는 바에 따라 농림축산식품부장관 또는 해양수산부장관에게 제출하여야 한다. 등록한 사항 중 농림축산식품부령 또는 해양수산부령으로 정하는 중요 사항을 변경하려는 때에도 같다. 〈개정 2013.3.23.〉
④ 농림축산식품부장관 또는 해양수산부장관은 제3항에 따라 등록 신청을 받으면 제3조 제6항에 따른 지리적표시 등록심의 분과위원회의 심의를 거쳐 제9항에 따른 등록거절 사유가 없는 경우 지리적표시 등록 신청 공고결정(이하 "공고결정"이라 한다)을 하여야 한다. 이 경우 농림축산식품부장관 또는 해양수산부장관은 신청된 지리적표시가 「상표법」에 따른 타인의 상표(지리적 표시 단체표장을 포함한다. 이하 같다)에 저촉되는지에 대하여 미리 특허청장의 의견을 들어야 한다. 〈개정 2013.3.23.〉

⑤ 농림축산식품부장관 또는 해양수산부장관은 공고결정을 할 때에는 그 결정 내용을 관보와 인터넷 홈페이지에 공고하고, 공고일부터 2개월간 지리적표시 등록 신청서류 및 그 부속서류를 일반인이 열람할 수 있도록 하여야 한다. 〈개정 2013.3.23.〉

⑥ 누구든지 제5항에 따른 공고일부터 2개월 이내에 이의 사유를 적은 서류와 증거를 첨부하여 농림축산식품부장관 또는 해양수산부장관에게 이의신청을 할 수 있다.

02 다음은 농수산물품질관리법령상 이력추적관리 농산물의 표시항목 내용의 일부이다. 틀린 부분만 찾아 답란에 옳게 수정하여 쓰시오. [2점]

---

① 산지: 농산물을 생산한 지역으로 시·군·구 단위까지 적음
② 품목(품종):「식품산업진흥법」제2조 제4호나 이 규칙 제6조제2항제3호에 따라 표시
③ 중량·개수: 포장단위의 실중량이나 개수
④ 생산연도: 곡류만 해당한다.

틀린 번호		
수정 내용		

정답 ②「식품산업진흥법」→「종자산업법」로 수정
④「곡류」→「쌀」로 수정

해설 이력추적관리 농산물의 표시(농수산물 품질관리법 시행규칙 [시행 2023. 2. 28.] 제49조제1항 및 제2항 관련 별표 12)

2. 표시사항
   가. 표지

   나. 표시항목
      1) 산지: 농산물을 생산한 지역으로 시·군·구 단위까지 적음
      2) 품목(품종):「종자산업법」제2조제4호나 이 규칙 제6조제2항제3호에 따라 표시
      3) 중량·개수: 포장단위의 실중량이나 개수
      4) 삭제 〈2014.9.30.〉
      5) 생산연도: 쌀만 해당한다.
      6) 생산자: 생산자 성명이나 생산자단체·조직명, 주소, 전화번호(유통자의 경우 유통자 성명, 업체명, 주소, 전화번호)
      7) 이력추적관리번호: 이력추적이 가능하도록 붙여진 이력추적관리번호

03

호주에서 수입한 소를 국내에서 2개월간 사육한 후 도축하여 갈비를 음식점에서 판매하고자 한다. 농수산물의 원산지 표시에 관한 법령에 따라 메뉴판에 기재할 옳은 원산지 표시를 (   ) 안에 쓰시오. [2점]

정답 소갈비(소고기: 호주산)

해설 농수산물의 원산지 표시 등에 관한 법률 시행규칙 [별표 4] 〈개정 2020. 4. 27.〉

영업소 및 집단급식소의 원산지 표시방법(제3조제2호 관련)

1. 공통적 표시방법
   가. 음식명 바로 옆이나 밑에 표시대상 원료인 농수산물명과 그 원산지를 표시한다. 다만, 모든 음식에 사용된 특정 원료의 원산지가 같은 경우 그 원료에 대해서는 다음 예시와 같이 일괄하여 표시할 수 있다.

   > [예시]
   > 우리 업소에서는 "국내산 쌀"만 사용합니다.
   > 우리 업소에서는 "국내산 배추와 고춧가루로 만든 배추김치"만 사용합니다.
   > 우리 업소에서는 "국내산 한우 소고기"만 사용합니다.
   > 우리 업소에서는 "국내산 넙치"만을 사용합니다.

   나. 원산지의 글자 크기는 메뉴판이나 게시판 등에 적힌 음식명 글자 크기와 같거나 그 보다 커야 한다.
   다. 원산지가 다른 2개 이상의 동일 품목을 섞은 경우에는 섞음 비율이 높은 순서대로 표시한다.

   > **[예시 1] 국내산(국산)의 섞음 비율이 외국산보다 높은 경우**
   > – 소고기: 불고기(소고기: 국내산 한우와 호주산을 섞음), 설렁탕(육수: 국내산 한우, 소고기: 호주산), 국내산 한우 갈비뼈에 호주산 소고기를 접착(接着)한 경우: 소갈비(갈비뼈: 국내산 한우, 소고기: 호주산) 또는 소갈비(소고기: 호주산)
   > – 돼지고기, 닭고기 등: 고추장불고기(돼지고기: 국내산과 미국산을 섞음), 닭갈비(닭고기: 국내산과 중국산을 섞음)
   > – 쌀, 배추김치: 쌀(국내산과 미국산을 섞음), 배추김치(배추: 국내산과 중국산을 섞음, 고춧가루: 국내산과 중국산을 섞음)
   > – 넙치, 조피볼락 등: 조피볼락회(조피볼락: 국내산과 일본산을 섞음)
   >
   > **[예시 2] 국내산(국산)의 섞음 비율이 외국산보다 낮은 경우**
   > – 불고기(소고기: 호주산과 국내산 한우를 섞음), 죽(쌀: 미국산과 국내산을 섞음), 낙지볶음(낙지: 일본산과 국내산을 섞음)

   라. 소고기, 돼지고기, 닭고기, 오리고기, 넙치, 조피볼락 및 참돔 등을 섞은 경우 각각의 원산지를 표시한다.

   > [예시] 햄버그스테이크(소고기: 국내산 한우, 돼지고기: 덴마크산),모둠회(넙치: 국내산, 조피볼락: 중국산, 참돔: 일본산),
   > 갈낙탕(소고기: 미국산, 낙지: 중국산)

마. 원산지가 국내산(국산)인 경우에는 "국산"이나 "국내산"으로 표시하거나 해당 농수산물이 생산된 특별시·광역시·특별자치시·도·특별자치도명이나 시·군·자치구명으로 표시할 수 있다.

바. 농수산물 가공품을 사용한 경우에는 그 가공품에 사용된 원료의 원산지를 표시하되, 다음 1) 및 2)에 따라 표시할 수 있다.

> [예시] 부대찌개(햄(돼지고기: 국내산)), 샌드위치(햄(돼지고기: 독일산))

　1) 외국에서 가공한 농수산물 가공품 완제품을 구입하여 사용한 경우에는 그 포장재에 적힌 원산지를 표시할 수 있다.

> [예시] 소시지야채볶음(소시지: 미국산), 김치찌개(배추김치: 중국산)

　2) 국내에서 가공한 농수산물 가공품의 원료의 원산지가 영 별표 1 제3호마목에 따라 원료의 원산지가 자주 변경되어 "외국산"으로 표시된 경우에는 원료의 원산지를 "외국산"으로 표시할 수 있다.

> [예시] 피자(햄(돼지고기: 외국산)), 두부(콩: 외국산)

　3) 국내산 소고기의 식육가공품을 사용하는 경우에는 식육의 종류 표시를 생략할 수 있다.

사. 농수산물과 그 가공품을 조리하여 판매 또는 제공할 목적으로 냉장고 등에 보관·진열하는 경우에는 제품 포장재에 표시하거나 냉장고 등 보관장소 또는 보관용기별 앞면에 일괄하여 표시한다. 다만, 거래명세서 등을 통해 원산지를 확인할 수 있는 경우에는 원산지표시를 생략할 수 있다.

아. 삭제 〈2017. 5. 30.〉

자. 표시대상 농수산물이나 그 가공품을 조리하여 배달을 통하여 판매·제공하는 경우에는 해당 농수산물이나 그 가공품 원료의 원산지를 포장재에 표시한다. 다만, 포장재에 표시하기 어려운 경우에는 전단지, 스티커 또는 영수증 등에 표시할 수 있다.

2. 영업형태별 표시방법

가. 휴게음식점영업 및 일반음식점영업을 하는 영업소

　1) 원산지는 소비자가 쉽게 알아볼 수 있도록 업소 내의 모든 메뉴판 및 게시판(메뉴판과 게시판 중 어느 한 종류만 사용하는 경우에는 그 메뉴판 또는 게시판을 말한다)에 표시하여야 한다. 다만, 아래의 기준에 따라 제작한 원산지 표시판을 아래 2)에 따라 부착하는 경우에는 메뉴판 및 게시판에는 원산지 표시를 생략할 수 있다.

　　가) 표제로 "원산지 표시판"을 사용할 것

　　나) 표시판 크기는 가로×세로(또는 세로×가로) 29cm×42cm 이상일 것

　　다) 글자 크기는 60포인트 이상(음식명은 30포인트 이상)일 것

　　라) 제3호의 원산지 표시대상별 표시방법에 따라 원산지를 표시할 것

　　마) 글자색은 바탕색과 다른 색으로 선명하게 표시

　2) 원산지를 원산지 표시판에 표시할 때에는 업소 내에 부착되어 있는 가장 큰 게시판(크기가 모두 같은 경우 소비자가 가장 잘 볼 수 있는 게시판 1곳)의 옆 또는 아래에 소비자가 잘 볼 수 있도록 원산지 표시판을 부착하여야 한다. 게시판을 사용하지 않는 업소의 경우에는 업소의 주 출입구 입장 후 정면에서 소비자가 잘 볼 수 있는 곳에 원산지 표시판을 부착 또는 게시하여야 한다.

　3) 1) 및 2)에도 불구하고 취식(取食)장소가 벽(공간을 분리할 수 있는 칸막이 등을 포함한다)으로 구분된 경우 취식장소별로 원산지가 표시된 게시판 또는 원산지 표시판을 부착해야 한다. 다만, 부착이 어려울 경우 타 위치의 원산지 표시판 부착 여부에 상관없이 원산지 표시가 된 메뉴판을 반드시 제공하여야 한다.

나. 위탁급식영업을 하는 영업소 및 집단급식소

    1) 식당이나 취식장소에 월간 메뉴표, 메뉴판, 게시판 또는 푯말 등을 사용하여 소비자(이용자를 포함한다)가 원산지를 쉽게 확인할 수 있도록 표시하여야 한다.

    2) 교육·보육시설 등 미성년자를 대상으로 하는 영업소 및 집단급식소의 경우에는 1)에 따른 표시 외에 원산지가 적힌 주간 또는 월간 메뉴표를 작성하여 가정통신문(전자적 형태의 가정통신문을 포함한다)으로 알려주거나 교육·보육시설 등의 인터넷 홈페이지에 추가로 공개하여야 한다.

다. 장례식장, 예식장 또는 병원 등에 설치·운영되는 영업소나 집단급식소의 경우에는 가목 및 나목에도 불구하고 소비자(취식자를 포함한다)가 쉽게 볼 수 있는 장소에 푯말 또는 게시판 등을 사용하여 표시할 수 있다.

3. 원산지 표시대상별 표시방법

    가. 축산물의 원산지 표시방법: 축산물의 원산지는 국내산(국산)과 외국산으로 구분하고, 다음의 구분에 따라 표시한다.

        1) 소고기

           가) 국내산(국산)의 경우 "국산"이나 "국내산"으로 표시하고, 식육의 종류를 한우, 젖소, 육우로 구분하여 표시한다. 다만, 수입한 소를 국내에서 6개월 이상 사육한 후 국내산(국산)으로 유통하는 경우에는 "국산"이나 "국내산"으로 표시하되, 괄호 안에 식육의 종류 및 출생국가명을 함께 표시한다.

> [예시] 소갈비(소고기: 국내산 한우), 등심(소고기: 국내산 육우), 소갈비(소고기: 국내산 육우(출생국: 호주))

           나) 외국산의 경우에는 해당 국가명을 표시한다.

> [예시] 소갈비(소고기: 미국산)

        2) 돼지고기, 닭고기, 오리고기 및 양고기(염소 등 산양 포함)

           가) 국내산(국산)의 경우 "국산"이나 "국내산"으로 표시한다. 다만, 수입한 돼지 또는 양을 국내에서 2개월 이상 사육한 후 국내산(국산)으로 유통하거나, 수입한 닭 또는 오리를 국내에서 1개월 이상 사육한 후 국내산(국산)으로 유통하는 경우에는 "국산"이나 "국내산"으로 표시하되, 괄호 안에 출생국가명을 함께 표시한다.

> [예시] 삼겹살(돼지고기: 국내산), 삼계탕(닭고기: 국내산), 훈제오리(오리고기: 국내산), 삼겹살(돼지고기: 국내산(출생국: 덴마크)), 삼계탕(닭고기: 국내산(출생국: 프랑스)), 훈제오리(오리고기: 국내산(출생국: 중국))

           나) 외국산의 경우 해당 국가명을 표시한다.

> [예시] 삼겹살(돼지고기: 덴마크산), 염소탕(염소고기: 호주산), 삼계탕(닭고기: 중국산), 훈제오리(오리고기: 중국산)

    나. 쌀(찹쌀, 현미, 찐쌀을 포함한다. 이하 같다) 또는 그 가공품의 원산지 표시방법: 쌀 또는 그 가공품의 원산지는 국내산(국산)과 외국산으로 구분하고, 다음의 구분에 따라 표시한다.

        1) 국내산(국산)의 경우 "밥(쌀: 국내산)", "누룽지(쌀: 국내산)"로 표시한다.

        2) 외국산의 경우 쌀을 생산한 해당 국가명을 표시한다.

> [예시] 밥(쌀: 미국산), 죽(쌀: 중국산)

다. 배추김치의 원산지 표시방법

1) 국내에서 배추김치를 조리하여 판매·제공하는 경우에는 "배추김치"로 표시하고, 그 옆에 괄호로 배추김치의 원료인 배추(절인 배추를 포함한다)의 원산지를 표시한다. 이 경우 고춧가루를 사용한 배추김치의 경우에는 고춧가루의 원산지를 함께 표시한다.

> [예시] – 배추김치(배추: 국내산, 고춧가루: 중국산), 배추김치(배추: 중국산, 고춧가루: 국내산)
> – 고춧가루를 사용하지 않은 배추김치: 배추김치(배추: 국내산)

2) 외국에서 제조·가공한 배추김치를 수입하여 조리하여 판매·제공하는 경우에는 배추김치를 제조·가공한 해당 국가명을 표시한다.

> [예시] 배추김치(중국산)

라. 콩(콩 또는 그 가공품을 원료로 사용한 두부류·콩비지·콩국수)의 원산지 표시방법: 두부류, 콩비지, 콩국수의 원료로 사용한 콩에 대하여 국내산(국산)과 외국산으로 구분하여 다음의 구분에 따라 표시한다.

1) 국내산(국산) 콩 또는 그 가공품을 원료로 사용한 경우 "국산"이나 "국내산"으로 표시한다.

> [예시] 두부(콩: 국내산), 콩국수(콩: 국내산)

2) 외국산 콩 또는 그 가공품을 원료로 사용한 경우 해당 국가명을 표시한다.

> [예시] 두부(콩: 중국산), 콩국수(콩: 미국산)

마. 넙치, 조피볼락, 참돔, 미꾸라지, 뱀장어, 낙지, 명태, 고등어, 갈치, 오징어, 꽃게, 참조기, 다랑어, 아귀 및 주꾸미의 원산지 표시방법: 원산지는 국내산(국산), 원양산 및 외국산으로 구분하고, 다음의 구분에 따라 표시한다.

1) 국내산(국산)의 경우 "국산"이나 "국내산" 또는 "연근해산"으로 표시한다.

> [예시] 넙치회(넙치: 국내산), 참돔회(참돔: 연근해산)

2) 원양산의 경우 "원양산" 또는 "원양산, 해역명"으로 한다.

> [예시] 참돔구이(참돔: 원양산), 넙치매운탕(넙치: 원양산, 태평양산)

3) 외국산의 경우 해당 국가명을 표시한다.

> [예시] 참돔회(참돔: 일본산), 뱀장어구이(뱀장어: 영국산)

바. 살아있는 수산물의 원산지 표시방법은 별표 1 제2호다목에 따른다.

04 다음은 농산물 검사·검정의 표준계측 및 감정방법 중 용적중에 관한 설명이다. ( ) 안에 옳은 용어를 답란에 쓰시오. [3점]

> 용적중(容積重)은 (①) 측정곡립계로 측정함을 원칙으로 하되, 이와 동등한 측정 결과를 얻을 수 있는 (②) 곡립계, (③) 곡립계를 보조방법으로 사용할 수 있다.

정답 ① 1L 용적중 ② 부라웰 ③ 전기식

05 다음은 농산물 검사 · 검정의 표준계측 및 감정방법에서 사용하는 용어의 정의에 대한 사례를 설명한 것이다. 각 사례별 해당하는 용어를 각각 쓰시오. [3점]

> ① 농산물검사관인 A씨가 공공비축벼에 대해 '농산물의 품위 검사규격'에 따라 1등으로 등급을 판정하는 것
> ② 국립농산물품질관리원 시험연구소에서 시금치에 잔류하는 클로르피리포스(Chlorpyrifos) 농약성분을 검출하는 것
> ③ 요오드 처리에 의한 배유 부분의 정색반응이 자색으로 판별되어 메벼로 최종 판정하는 것

정답 ① 검사 ② 분석 ③ 감정

해설 가. "검사"라 함은 농산물의 상품적 가치를 평가하기 위하여 정해진 기준에 따라 검정 또는 감정하여 등급 또는 적 · 부로 판정하는 것을 말한다.
나. "검정"이라 함은 농산물 등의 품위 · 성분 및 유해물질 등을 기계기구 또는 약품 등을 사용하여 농산물 등을 측정 · 시험 · 분석하여 수치로 나타내는 것을 말한다.
다. "감정"이라 함은 농산물의 품위 등을 이화학적방법 등을 통하여 농산물의 가치를 판정하는 것을 말한다.
　① 도정도감정 ② 메찰감정 ③ 신선도감정
라. "측정"이라 함은 농산물의 품위 등을 일정한 시험방법에 따라 어떤 성질을 수량적으로 수치화하는 것을 말한다.
마. "시험"이라 함은 일정기간의 실험을 통하여 농산물의 변화 등을 밝혀내는 것을 말한다.
바. "분석"이라 함은 농산물 등이 함유하고 있는 유기 · 무기성분 및 잔류농약 등을 정성 · 정량적으로 검출하는 것을 말한다.
　① 농산물에 일반적으로 함유되어 있는 성분에 관한 시험으로 수분, 산도, 단백질, 지방, 조섬유, 당도 등을 분석한다.
　② 농산물, 농산가공품, 농지, 용수 및 농자재에 포함된 무기성분 · 유해중금속 · 잔류농약 · 곰팡이독소 · 항생물질 등의 분석은「농수산물품질관리법」,「식품위생법」등 관련 법령에서 정한 분석법을 준용하며, 공인분석법 등 국제적으로 통용되는 분석법을 사용할 수 있다.

06 다음 (　)안에 있는 옳은 것을 선택하여 답란에 쓰시오. [3점]

> '캠벨얼리' 포도의 숙성 중 안토시아닌 함량은 ① (증가, 감소)하고, 주석산 함량은 ② (증가, 감소)하며, 불용성 펙틴 함량은 ③ (증가, 감소)한다.

정답 ① 증가 ② 감소 ③ 감소

해설 원예산물은 숙성과정에서 다음과 같은 변화를 나타낸다.

ⓐ 크기가 커지고 품종 고유의 모양과 향기를 갖춘다.

ⓑ 세포질의 셀룰로오스, 헤미셀룰로오스, 펙틴질이 분해됨에 따라 조직이 연해진다. 과일은 성숙되면서
프로토펙틴(불용성)이 펙틴산(가용성)으로 변하여 조직이 연해진다.

ⓒ 에틸렌 생성이 증가한다.

ⓓ 저장 탄수화물(전분)이 당으로 변하여 단맛이 증가한다.

ⓔ 유기산은 감소하여 신맛이 줄어든다. 유기산은 신맛을 내는 성분인데 대표적인 유기산으로는 사과의
능금산, 포도의 주석산, 밀감류와 딸기의 구연산 등이다.

ⓕ 사과, 토마토, 바나나, 키위, 참다래 등과 같은 호흡급등과는 일시적으로 호흡급등현상이 나타난다.

ⓖ 엽록소가 분해되어 녹색이 줄어들고, 과실 고유의 색소가 합성 발현됨으로써 과실 고유의 색깔을 띠
게 된다. 과실별로 발현되는 색소는 다음과 같다.

색소		색깔	해당 과실
카로티노이드계	β-카로틴	황색	감귤, 토마토, 당근, 호박
	라이코펜(Lycopene)	적색	토마토, 당근, 수박
	캡산틴	적색	고추
안토시아닌계		적색	딸기, 사과
플라보노이드계		황색	토마토, 양파

07 예건과 치유에 관한 아래의 설명에서 틀린 부분을 찾아 쓰고 옳게 수정하여 쓰시오. [4점]

> 마늘은 다습한 조건에서 외피조직을 건조시켜 내부조직의 수분손실을 방지하며, 고구마는
> 상처부위를 통한 미생물 침입을 방지하기 위해 치유처리를 하는데, 이때 상대습도가 낮을
> 수록 코르크층 형성이 빠르다.

정답 • 틀린 부분: 마늘은 다습한 조건   수정 내용: 마늘은 건조한 조건
• 틀린 부분: 상대습도가 낮을수록   수정 내용: 상대습도가 높을수록

해설 ① 마늘과 양파는 수확 직후 수분함량이 약 85% 정도인데 예건을 함으로써 65% 수준으로 감소시킬 수
있다. 이렇게 함으로써 부패를 방지하고 응애와 선충의 밀도를 낮추게 되어 장기 저장을 가능하게
한다.

② 고구마는 수확 후 1주일 이내에 온도 30~33℃, 습도 85~90%에서 4~5일간 큐어링(치유)한 후 저장
하면 상처가 치유되고 당분함량이 증가한다.

08

저온저장고의 온·습도 관리에 관한 설명이다. 옳으면 ○, 틀리면 ×를 (   ) 안에 표시하시오. [4점]

> ① 공기가 포함할 수 있는 수증기의 양은 온도가 높을수록 증가한다. ············ (   )
> ② 저장고의 온도 편차는 상대습도 편차를 일으키는 원인이 된다. ··············· (   )
> ③ 저장고의 정확한 온도관리를 위해 제상주기는 짧을수록 좋다. ·················· (   )
> ④ 증발기에서 나오는 공기의 온도가 저온저장고의 설정온도 보다 현저히 낮으면 성애가 형성된다. ··· (   )

정답 ① ○ ② ○ ③ × ④ ○

해설 ① 온도가 높을수록 공기가 포함할 수 있는 수증기의 양은 증가하고 따라서 물의 증발현상이 나타난다. 반대로 온도가 낮아지면 수증기의 응결이 발생한다.
② 냉동기 작동 시간 동안 저장고 내의 온도는 낮아지고, 습도는 올라가며, 증발코일에 성애가 형성된다. 제상주기가 되어 제상(성애가 녹아 증발)될 때 저장고 내의 온도는 올라가고, 습도는 낮아진다. 즉, 저장고의 온도편차는 상대습도 편차를 일으키는 원인이 된다고 할 수 있다. 저장물의 동결장해를 방지하기 위해서는 저장고 내의 온도설정을 온도편차를 감안하여 온도가 가장 낮게 내려가는 시점을 기준으로 설정할 필요가 있다.
③ 저장고의 정확한 온도관리를 위해 제상주기는 길수록 좋다.
④ 증발기에서 나오는 공기의 온도가 저온저장고의 설정온도보다 현저히 낮으면 성애가 형성된다.

09

농산물을 입고하기 전 저장고 내부의 위생관리를 위해 유황훈증소독 방법을 사용할 때의 문제점과 대체소독 방법을 각각 1가지씩 쓰시오. [4점]

정답 • 문제점: 훈증 시 발생하는 아황산가스는 인체에 유독하며, 금속을 부식시킨다.
• 대체소독 방법: 초산훈증법

해설 유황훈증소독은 유황을 쐬어 소독하는 것이다. 유황을 쐬면 아황산가스가 발생하며, 아황산가스(이산화황)의 황 입자가 강산성의 얇은 막을 형성해 병균의 침입을 막는다. 그러나 아황산가스(이산화황)는 독성이 강하고 폐렴이나 기관지염을 일으킬 수 있어 인체에 유해할 수도 있다. 초산훈증법은 유황훈증소독의 대체소독방법으로 활용되고 있다.

10 다음 (　) 안에 있는 옳은 것을 선택하여 답란에 쓰시오. [2점]

> 녹숙 및 적숙 토마토를 4℃에서 20일 동안 저장한 후 상온에서 3일 동안 유통 시 ① (녹숙, 적숙) 토마토에서 수침현상, 과육의 섬유질화와 같은 저온장해현상이 더 많이 발생되었으며, 이때 전기전도계로 측정된 이온용출량은 ② (낮게, 높게) 나타났다.

정답) ① 녹숙 ② 높게

해설
- 녹숙 토마토의 적정 저장온도는 10~13℃이며, 적색 토마토의 적정 저장온도는 8~10℃이다.
- 이온용출량은 저온장해의 정도를 알 수 있는 지표로서 저온장해가 클수록 이온용출량이 높다.

11 신선편이 농산물은 일반 농산물에 비해 품질하락이 빠르고 유통기한이 짧다. 그 이유 3가지를 쓰시오. [6점]

> (정답) ① 신선편이 농산물은 제조과정에서 물리적 상처를 입게 되고, 이에 따라 호흡이 증가하고 에틸렌 발생이 증가하기 때문에 품질하락이 빠르고 저장성이 떨어진다.
> ② 신선편이 농산물의 제조 시 박피 공정에서 껍질을 제거하게 되면 증산량이 증가하고 미생물의 침투가 증가하여 부패가 촉진되고 품질하락이 빠르다.
> ③ 신선편이 농산물의 제조 시 절단에 의하여 표면적이 증가하고 이에 따라 증산량이 많아지며 미생물에 의한 부패가 촉진되어 품질하락이 빠르다.

12 원예산물 수송 시 컨테이너에 드라이아이스(dry ice)를 넣었더니 연화, 부패 등 품질손실이 경감되었다. 그 주된 이유 2가지를 쓰시오. [5점]

> (정답) ① 컨테이너 내부의 온도를 낮춤으로써 원예산물의 호흡을 억제하고 노화를 지연시키며, 미생물의 증식을 억제한다.
> ② 컨테이너 내부의 이산화탄소 농도를 높임으로써 원예산물의 호흡을 억제하고 미생물의 증식을 억제한다.

> (해설) 드라이아이스는 이산화탄소를 고체화한 것으로서 드라이아이스의 승화(고체가 기체로 승화)는 주변 온도를 낮추고 이산화탄소를 발생한다. 즉, 컨테이너 내부의 저온과 이산화탄소 증가는 원예산물의 호흡을 억제하고, 숙성과 노화를 지연하며 연화를 억제한다. 또한 미생물의 증식을 억제하여 부패를 줄인다.

13 원예산물 저장 시 사용되는 아래 물질들의 에틸렌 제어원리를 설명하시오. [10점]

- 과망간산칼륨(KMnO4)
- AVG(aminoethoxyvinyl glycine)
- 제올라이트(zeolite)
- 1-MCP(1-methylcyclopropene)

> (정답) ① 과망간산칼륨: 에틸렌(C_2H_4)에 산화반응을 일으켜 에틸렌을 이산화탄소와 수분의 형태로 제거한다.
> ② AVG: 에틸렌의 합성을 억제한다.
> ③ 제올라이트: 에틸렌을 흡착하여 제거한다.
> ④ 1-MCP: 원예산물 내의 에틸렌 수용체와 결합하여 에틸렌의 작용을 불활성화한다.

14 생산자 A씨가 '특' 등급으로 표시한 마른고추 1 포대(15kg)에서 농산물품질관리사 B씨가 공시료 300g을 무작위 채취하여 계측한 결과가 다음과 같았다. 농산물 표준규격에 따른 해당 항목별 등급을 판정하여 쓰고, '특' 등급표시의 적합여부를 기재하고 그 이유를 쓰시오. (단, 주어진 항목 외에는 등급판정에 고려하지 않으며, 적합여부는 적합 또는 부적합으로 작성하고, 혼입비율은 소수점 둘째자리에서 반올림하여 첫째자리까지 구함) [5점]

항목	낱개의 고르기	결점과
계측결과	평균길이에서 ±1.5cm를 초과하는 것 22.5g	• 길이의 1/2 미만이 갈라진 것 6.0 g • 꼭지가 빠진 것 7.5 g

낱개의 고르기	등급: (①)
결점과	등급: (②)

적합여부: (③)

적합여부에 따른 이유: (④)

정답 ① 특 ② 특 ③ 적합
④ 낱개의 고르기 항목이 7.5%로 「특」 등급 기준인 10% 이하에 해당되며, 중결점 항목이 0%로 「특」 등급 기준이 없는 것에 해당되고, 경결점 항목이 4.5%로 「특」 등급 기준인 5.0% 이하에 해당됨

해설 농산물 표준규격 [시행 2020. 10. 14.] [국립농산물품질관리원고시 제2020-16호, 2020. 10. 14., 일부개정]

농산물 표준규격
마른고추

[규격번호: 2011]

Ⅰ. 적용 범위
본 규격은 국내에서 생산된 붉은 마른고추를 대상으로 하며, 가공용 또는 수출용에는 적용하지 않는다.

Ⅱ. 등급 규격

항목 \ 등급	특	상	보통
① 낱개의 고르기	평균 길이에서 ±1.5cm를 초과하는 것이 10% 이하인 것	평균 길이에서 ±1.5cm를 초과하는 것이 20% 이하인 것	특·상에 미달 하는 것
② 색택	품종 고유의 색택으로 선홍색 또는 진홍색으로서 광택이 뛰어난 것	품종고유의 색택으로 선홍색 또는 진홍색으로서 광택이 양호한 것	특·상에 미달 하는 것
③ 수분	15% 이하로 건조된 것	15% 이하로 건조된 것	15% 이하로 건조된 것
④ 중결점과	없는 것	없는 것	3.0% 이하인 것

항목＼등급	특	상	보통
⑤ 경결점과	5.0% 이하인 것	15.0% 이하인 것	25.0% 이하인 것
⑥ 탈락씨	0.5% 이하인 것	1.0% 이하인 것	2.0% 이하인 것
⑦ 이물	0.5% 이하인 것	1.0% 이하인 것	2.0% 이내인 것

용어의 정의

① 중결점과는 다음의 것을 말한다.
  ㉠ 반점 및 변색: 황백색 또는 녹색이 과면의 10% 이상인 것 또는 과열로 검게 변한 것이 과면의 20% 이상인 것
  ㉡ 박피(薄皮): 미숙으로 과피(껍질)가 얇고 주름이 심한 것
  ㉢ 상해과: 잘라진 것 또는 길이의 1/2 이상이 갈라진 것
  ㉣ 병충해: 흑색탄저병, 무름병, 담배나방 등 병충해 피해가 과면의 10% 이상인 것
  ㉤ 기타: 심하게 오염된 것
② 경결점과는 다음의 것을 말한다.
  ㉠ 반점 및 변색: 황백색 또는 녹색이 과면의 10% 미만인 것 또는 과열로 검게 변한 것이 과면의 20% 미만인 것(꼭지 또는 끝부분의 경미한 반점 또는 변색은 제외한다.)
  ㉡ 상해과: 길이의 1/2 미만이 갈라진 것
  ㉢ 병충해: 흑색탄저병, 무름병, 담배나방 등 병충해 피해가 과면의 10% 미만인 것
  ㉣ 모양: 심하게 구부러진 것, 꼭지가 빠진 것
  ㉤ 기타: 결점의 정도가 경미한 것
③ 탈락씨: 떨어져 나온 고추씨를 말한다.
④ 이물: 고추 외의 것(떨어진 꼭지 포함)을 말한다.

15 조롱수박을 생산하는 A씨가 K시장에 출하하고자 하는 1상자(5개)를 농산물 표준규격에 따라 품위를 계측한 결과가 다음과 같다. 이 조롱수박의 등급을 판정하고, 그 이유를 쓰시오. (단, 주어진 항목 외에는 등급판정에 고려하지 않음) [7점]

항목	낱개의 고르기	무게	신선도	결점과
계측결과	크기 구분표에서 무게(호칭)가 다른 것이 없음	0.8kg(1개), 1.0kg(1개), 1.1kg(2개), 1.2kg(1개)	꼭지가 마르지 않고 싱싱함	중결점 및 경결점 없음

정답 출제 당시의 표준규격에 의하면
① 상 ② 낱개의 고르기 「특」, 신선도 「특」, 결점과 「특」, 무게 「상」이므로 「상」으로 판정한다.
2020. 10. 14. 개정된 표준규격에 의하면
① 특 ② 낱개의 고르기 항목이 「특」 등급 기준인 무게가 다른 것이 없는 것에 해당되며, 신선도 항목이 「특」 등급 기준인 꼭지가 마르지 않고 싱싱한 것에 해당되고, 결점과 항목이 「특」 등급 기준에 해당되어 종합판정은 「특」으로 판정한다.

농산물 표준규격 [시행 2020. 10. 14.] [국립농산물품질관리원고시 제2020-16호, 2020. 10. 14., 일부개정]

농산물 표준규격
조롱수박

[규격번호: 2082]

Ⅰ. 적용 범위

본 규격은 국내에서 생산되어 신선한 상태로 유통되는 조롱수박에 적용하며, 가공용 또는 수출용에는 적용하지 않는다.

Ⅱ. 등급 규격

항목 \ 등급	특	상	보통
① 낱개의 고르기	별도로 정하는 크기 구분표 [표 1]에서 무게가 다른 것이 없는 것	별도로 정하는 크기 구분표 [표 1]에서 무게가 다른 것이 없는 것	특·상에 미달하는 것
② 모양	품종 고유의 모양으로 윤기가 뛰어난 것	품종 고유의 모양으로 윤기가 양호한 것	특·상에 미달하는 것
③ 신선도	꼭지가 마르지 않고 싱싱한 것	꼭지가 마르지 않고 싱싱한 것	특·상에 미달하는 것
④ 중결점과	없는 것	없는 것	5% 이하인 것(부패·변질과는 포함할 수 없음)
⑤ 경결점과	없는 것	없는 것	20% 이하인 것

[표 1] 크기 구분

구분 \ 호칭	2L	L	M	S
1개의 무게(kg)	2.5 이상	1.7 이상 ~ 2.5 미만	1.3 이상 ~ 1.7 미만	1.3 미만

용어의 정의

① 중결점과는 다음의 것을 말한다.
  ㉠ 부패, 변질과: 과육이 부패 또는 변질된 것(과숙에 의해 육질이 변질된 것을 포함한다.)
  ㉡ 병충해과: 병해충의 피해가 있는 것
  ㉢ 미숙과: 경도, 색택 등으로 보아 성숙이 현저하게 덜된 것
  ㉣ 상해과: 열상, 자상, 압상 등이 있는 것. 다만 경미한 것은 제외한다.
  ㉤ 모양: 모양이 심히 불량한 것
  ㉥ 기타: 경결점과에 속하는 사항으로 그 피해가 현저한 것
② 경결점과는 다음의 것을 말한다.
  ㉠ 품종 고유의 모양이 아닌 것
  ㉡ 병해충의 피해가 과피에 그친 것
  ㉢ 상해 및 기타 결점의 정도가 경미한 것

16 생산자 A씨가 녹색꽃양배추(브로콜리)를 수확하여 선별한 결과가 보기와 같다. 농산물 표준규격에 따라 8kg들이 '특'등급 상자를 만들고자 할 때 만들 수 있는 최대 상자수와 그 이유를 쓰시오. (단, 주어진 항목 외에는 등급판정에 관여하지 않으며, 1상자의 실중량은 8kg을 초과할 수 없음) [6점]

예시) 상자당 무게별 개수: (250g 5개 + 300g 5개), …

┤ 보기 ├

- 화구 1개의 무게가 250g인 것: 42개(10,500g)
- 화구 1개의 무게가 280g인 것: 25개(7,000g)
- 화구 1개의 무게가 300g인 것: 15개(4,500g)
- 화구 1개의 무게가 350g인 것: 10개(3,500g)

최대 상자수: (   ) 상자

상자당 무게별 개수:

이유:

정답 출제 당시의 표준규격에 의하면
① 1상자 ② 280g 20개(5,600g) + 300g 8개(2,400g) ③ 크기 L(270g 이상 330g 미만)
2020. 10. 14. 개정된 표준규격에 의하면
① 2상자 ② 250g 32개, (280g 20개 + 300g 8개) ③ 무게 M인 1상자와 무게 L인 1상자가 가능하다.

해설 농산물 표준규격 [시행 2020. 10. 14.] [국립농산물품질관리원고시 제2020-16호, 2020. 10. 14., 일부개정]

농산물 표준규격
녹색꽃양배추(브로콜리)

[규격번호: 3081]

Ⅰ. 적용 범위
본 규격은 국내에서 생산되어 신선한 상태로 유통되는 녹색꽃양배추(브로콜리)에 적용하며, 가공용 또는 수출용에는 적용하지 않는다.

Ⅱ. 등급 규격

항목＼등급	특	상	보통
① 낱개의 고르기	별도로 정하는 크기 구분 표 [표 1]에서 무게가 다른 것이 섞이지 않은 것	별도로 정하는 크기 구분 표 [표 1]에서 무게가 다른 것이 섞이지 않은 것	특·상에 미달하는 것
② 결구	양손으로 만져 단단한 정도가 뛰어난 것	양손으로 만져 단단한 정도가 양호한 것	특·상에 미달하는 것
③ 신선도	화구가 황화 되지 아니하고 싱싱하며 청결한 것	화구가 황화 되지 아니하고 싱싱하며 청결한 것	화구의 황화 정도가 전체 면적의 5% 이하인 것

항목 \ 등급	특	상	보통
④ 다듬기	화구 줄기 7cm 이하에 나머지 부위는 깨끗하게 다듬은 것	화구 줄기 7cm 이하에 나머지 부위는 깨끗하게 다듬은 것	특·상에 미달하는 것
⑤ 중결점	없는 것	없는 것	10% 이하인 것(부패·변질된 것은 포함할 수 없음)
⑥ 경결점	없는 것	없는 것	20% 이하인 것

[표 1] 크기 구분

구분 \ 호칭	2L	L	M	S
화구 1개의 무게(g)	330 이상	330 미만	270 미만	200 미만

용어의 정의

① 중결점은 다음의 것을 말한다.
   ㉠ 부패·변질: 화구와 줄기가 부패 또는 변질된 것
   ㉡ 병충해: 병해, 충해 등의 피해가 있는 것
   ㉢ 냉해, 상해 등이 있는 것. 다만 경미한 것은 제외한다.
   ㉣ 모양: 화구의 모양이 심히 불량한 것
   ㉤ 기타: 경결점에 속하는 사항으로 그 피해가 현저한 것
② 경결점은 다음의 것을 말한다.
   ㉠ 품종 고유의 모양이 아닌 것
   ㉡ 병충해가 외피에 그친 것
   ㉢ 상해 및 기타 결점의 정도가 경미한 것

17 블루베리를 생산하는 A씨가 수확 후 '2kg 소포장품'으로 판매하고자 선별한 결과는 다음과 같다. 각 항목별 농산물 표준규격상의 낱개의 고르기, 호칭의 총 무게와 이를 모두 종합하여 판정한 등급과 이유를 쓰시오. (단, 주어진 항목 이외는 등급판정에 고려하지 않으며, 소수점 둘째자리에서 반올림하여 첫째자리까지 구함) [6점]

과실의 횡경기준별 총 무게	선별상태
• 11.1~11.9mm: 240g • 12.1~12.9mm: 300g • 13.1~13.9mm: 160g • 14.1~14.9mm: 500g • 15.1~15.9mm: 600g • 16.1~16.9mm: 200g	• 색택: 품종 고유의 색택을 갖추고, 과분의 부착이 양호 • 낱알의 형태: 낱알 간 숙도의 고르기가 뛰어남 • 결점과: 없음

① 낱개의 고르기(크기가 다른 것의 무게 비율)	( )%
② 크기구분표에 따른 호칭 'L'의 총 무게	( )g
③ 종합판정 등급	( ) 등급
④ 종합판정의 주된 이유	

정답 ① 35% ② 1,300g ③ 보통
④ 색택 「특」, 낱알의 형태 「특」, 결점과 「특」이지만 낱개의 고르기에서 L이 65%, M이 35%이므로 무게
가 다른 것의 비율이 30%를 초과하여 「보통」임. 따라서 「보통」으로 판정함

해설 농산물 표준규격 [시행 2020. 10. 14.] [국립농산물품질관리원고시 제2020−16호, 2020. 10. 14., 일부개정]

농산물 표준규격
블루베리

[규격번호: 1131]

I. 적용 범위
본 규격은 국내에서 생산되어 신선한 상태로 유통되는 하이부시 블루베리와 레빗아이 블루베리에
적용하며, 가공용 또는 수출용에는 적용하지 않는다.

II. 등급 규격

항목 \ 등급	특	상	보통
① 낱개의 고르기	별도로 정하는 크기 구분표 [표 1]에서 크기가 다른 것이 20% 이하인 것. 단, 크기 구분표의 해당 무게에서 1단계를 초과할 수 없다.	별도로 정하는 크기 구분표 [표 1]에서 크기가 다른 것이 30% 이하인 것. 단, 크기 구분표의 해당 무게에서 1단계를 초과할 수 없다.	특·상에 미달하는 것
② 색택	품종 고유의 색택을 갖추고, 과분의 부착이 양호한 것	품종 고유의 색택을 갖추고, 과분의 부착이 양호한 것	특·상에 미달하는 것
③ 낱알의 형태	낱알 간 숙도의 고르기가 뛰어난 것	낱알 간 숙도의 고르기가 양호한 것	특·상에 미달하는 것
④ 중결점	없는 것	없는 것	5% 이하인 것(부패·변질된 것은 포함할 수 없음)
⑤ 경결점	없는 것	5% 이하인 것	20% 이하인 것

[표 1] 크기 구분

구분 \ 호칭	2L	L	M	S
과실 횡경 기준(mm)	17 이상	14 이상 ~ 17 미만	11 이상 ~ 14 미만	11 미만

용어의 정의

① 중결점과는 다음의 것을 말한다.

  ㉠ 이품종과: 품종이 다른 것

  ㉡ 부패, 변질과: 과육이 부패 또는 변질된 것

  ㉢ 미숙과: 당도, 색택 등으로 보아 성숙이 현저하게 덜된 것

  ㉣ 병충해과: 미이라병, 노린재 등 병충해의 피해가 과육까지 미친 것

  ㉤ 피해과: 일소, 열과, 오염된 것 등의 피해가 현저한 것

  ㉥ 상해과: 열상, 자상 또는 압상이 있는 것. 다만 경미한 것은 제외 한다.

  ㉦ 과숙과: 경도, 색택으로 보아 성숙이 지나친 것

  ㉧ 기타: 경결점과에 속하는 사항으로 그 피해가 현저한 것

② 경결점과는 다음의 것을 말한다.

  ㉠ 품종 고유의 모양이 아닌 것

  ㉡ 병해충의 피해가 경미한 것

  ㉢ 경미한 찰상 등 중 결점과에 속하지 않는 상처가 있는 것

  ㉣ 기타 결점의 정도가 경미한 것

18 농산물품질관리사 A씨가 들깨(1kg)의 등급판정을 위하여 계측한 결과가 다음과 같았다. 농산물 표준규격에 따라 계측항목별 등급과 이유를 쓰고, 종합판정 등급과 이유를 쓰시오. (단, 주어진 항목 외에는 등급판정에 고려하지 않으며, 혼입비율은 소수점 둘째자리에서 반올림하여 첫째자리까지 구함) [8점]

공시량	계측결과
300g	• 심하게 파쇄된 들깨의 무게: 1.2g • 껍질의 색깔이 현저히 다른 들깨의 무게: 7.5g • 흙과 먼지의 무게: 0.9g

피해립	① 등급 :
	② 이유 :
이종피색립	③ 등급 :
	④ 이유 :
이물	⑤ 등급 :
	⑥ 이유 :

⑦ 종합판정 등급 :

⑧ 종합판정 등급 이유 :

① 특

② 피해립은 병해립, 충해립, 변질립, 변색립, 파쇄립 등을 말한다. 다만, 들깨 품위에 영향을 미치지 아니할 정도의 것은 제외한다. 따라서 피해립의 비율은 1.2 / 300 = 0.4%이므로 「특」에 해당된다.

③ 상

④ 이종피색립은 껍질의 색깔이 현저하게 다른 들깨를 말한다. 따라서 이종피색립의 비율은 7.5 / 300 = 2.5%이므로 「상」에 해당된다.

⑤ 특

⑥ 이물은 들깨 외의 것을 말한다. 따라서 이물의 비율은 0.9 / 300 = 0.3%이므로 「특」에 해당된다.

⑦ 상

⑧ 피해립, 이물에서 「특」이나 이종피색립에서 「상」이므로 종합적으로 「상」으로 판정한다.

농산물 표준규격 [시행 2020. 10. 14.] [국립농산물품질관리원고시 제2020-16호, 2020. 10. 14., 일부개정]

농산물 표준규격
들 깨

[규격번호: 5031]

I. 적용범위

본 규격은 국내에서 생산되어 유통되는 들깨에 적용하며, 가공용 또는 수출용에는 적용하지 않는다.

II. 등급 규격

항목＼등급	특	상	보통
① 모양	낟알의 모양과 크기가 균일하고 충실한 것	낟알의 모양과 크기가 균일하고 충실한 것	특·상에 미달하는 것
② 수분	10.0% 이하인 것	10.0% 이하인 것	10.0% 이하인 것
③ 용적중(g/ℓ)	500 이상인 것	470 이상인 것	440 이상인 것
④ 피해립	0.5% 이하인 것	1.0% 이하인 것	2.0% 이하인 것
⑤ 이종곡립	0.0% 이하인 것	0.3% 이하인 것	0.5% 이하인 것
⑥ 이종피색립	2.0% 이하인 것	5.0% 이하인 것	10.0% 이하인 것
⑦ 이물	0.5% 이하인 것	1.0% 이하인 것	2.0% 이하인 것
⑧ 조건	생산 연도가 다른 들깨가 혼입된 경우나, 수확 연도로부터 1년이 경과되면 「특」이 될 수 없음		

용어의 정의

① 백분율(%): 전량에 대한 무게의 비율을 말한다.

② 용적중: 「별표6」「항목별 품위계측 및 감정방법」에 따라 측정한 1ℓ의 무게를 말한다.

③ 피해립: 병해립, 충해립, 변질립, 변색립, 파쇄립 등을 말한다. 다만, 들깨 품위에 영향을 미치지 아니할 정도의 것은 제외한다.

④ 이종곡립: 들깨 외의 다른 곡립을 말한다.

⑤ 이종피색립: 껍질의 색깔이 현저하게 다른 들깨를 말한다.

⑥ 이물: 들깨 외의 것을 말한다.

19 A농가에서 장미(스탠다드)를 재배하고 있는데 금년 8월 1일 모든 꽃봉오리가 동일하게 맺혔고 개화시작 직전이다. 8월 1일부터 1일 경과할 때마다 각 꽃봉오리가 매일 10%씩 개화가 진행된다면 '특' 등급에 해당하는 장미를 생산할 수 있는 날짜와 그 이유를 쓰시오. (단, 개화정도로만 등급을 판정하며 주어진 항목 외에는 등급판정에 고려하지 않음) [7점]

① '특' 등급을 생산할 수 있는 날짜

② 이유

(정답) ① 8월 3일

② 꽃봉오리가 1/5 정도 개화된 것이 「특」이다. 8월 1일에서 2일이 경과되면 1/5 정도 개화된다.

(해설) 농산물 표준규격 [시행 2020. 10. 14.] [국립농산물품질관리원고시 제2020-16호, 2020. 10. 14., 일부개정]

농산물 표준규격
장 미

[규격번호: 8031]

Ⅰ. 적용 범위

본 규격은 국내에서 생산되어 신선한 상태로 유통되는 장미에 적용하며, 수출용에는 적용하지 않는다.

Ⅱ. 등급 규격

항목＼등급	특	상	보통
① 크기의 고르기	크기 구분표 [표 1]에서 크기가 다른 것이 없는 것	크기 구분표 [표 1]에서 크기가 다른 것이 5% 이하인 것	크기 구분표 [표 1]에서 크기가 다른 것이 10% 이하인 것
② 꽃	품종 고유의 모양으로 색택이 선명하고 뛰어난 것	품종 고유의 모양으로 색택이 선명하고 양호한 것	특·상에 미달하는 것
③ 줄기	세력이 강하고, 휘지 않으며 굵기가 일정한 것	세력이 강하고, 휘어진 정도가 약하며 굵기가 비교적 일정한 것	특·상에 미달하는 것
④ 개화정도	• 스탠다드: 꽃봉오리가 1/5정도 개화된 것 • 스프레이: 꽃봉오리가 1~2개 정도 개화된 것	• 스탠다드: 꽃봉오리가 2/5정도 개화된 것 • 스프레이: 꽃봉오리가 3~4개 정도 개화된 것	특·상에 미달하는 것
⑤ 손질	마른 잎이나 이물질이 깨끗이 제거된 것	마른 잎이나 이물질 제거가 비교적 양호한 것	특·상에 미달하는 것
⑥ 중결점	없는 것	없는 것	5% 이하인 것
⑦ 경결점	3% 이하인 것	5% 이하인 것	10% 이하인 것

[표 1] 크기 구분

구분	호칭	1급	2급	3급	1묶음의 본수(본)
1묶음 평균의 꽃대 길이(cm)	스탠다드	80 이상	70 이상 ~ 80 미만	20 이상 ~ 70 미만	10
	스프레이	70 이상	60 이상 ~ 70 미만	30 이상 ~ 60 미만	5 또는 10

용어의 정의

① 크기의 고르기는 매 포장 단위마다 상단·중단·하단에서 각각 3묶음씩 총 9묶음의 표본을 추출하여 해당 크기 구분표 [표 1]에서 크기가 다른 것의 개수비율을 말한다.

② 결점 혼입률은 포장 단위별로 전체 본에 대한 결점본의 개수비율을 말한다.

③ 중결점은 다음의 것을 말한다.
  ㉠ 이품종화: 품종이 다른 것
  ㉡ 상처: 자상, 압상 동상, 열상 등이 있는 것
  ㉢ 병충해: 병해, 충해 등의 피해가 심한 것
  ㉣ 생리장해: 꽃목굽음, 기형화 등의 피해가 심한 것
  ㉤ 형상불량, 파손, 굽힘, 개화 차이가 심히 불량한 것
  ㉥ 기타 결점의 정도가 현저하게 품위에 영향을 미치는 것

④ 경결점은 다음의 것을 말한다.
  ㉠ 품종 고유의 모양이 아닌 것
  ㉡ 경미한 약해, 생리장해, 상처, 농약살포 등으로 외관이 떨어지는 것
  ㉢ 손질 정도가 미비한 것
  ㉣ 기타 결점의 정도가 경미한 것

20 수확된 사과(품종 : 후지)를 선별기에서 선별해 보니 아래와 같았다.

선별기 라인	착색비율 및 개수			
1번(개당 무게 350g)	◗ 12개,	◑ 2개,	◐ 6개	
2번(개당 무게 300g)	◗ 11개,	◔ 15개,	◑ 10개,	◐ 3개
3번(개당 무게 250g)	◑ 9개,	◔ 2개,	◑ 5개,	◐ 1개

착색 비율: ◔ 30%, ◑ 40%, ◐ 50%, ◗ 60%, ● 70%

7.5kg들이 '특' 등급 1상자는 농산물 표준규격에 따라 다음과 같이 구성하였으며, 남은 사과로 '상' 등급 1상자(7.5kg)를 만들고자 한다. 실중량은 7.5kg의 1.0%를 초과하지 않으면서 무거운 것을, 같은 무게에서는 착색 비율이 높은 것을 우선으로 구성하여 무게별 개수 및 착색 비율과 낱개의 고르기 비율을 쓰시오. (단, 주어진 항목 외에는 등급판정에 고려하지 않음) [10점]

구분	무게(착색비율) 및 개수
'특' 등급 1상자	350g(70%) 12개 + 300g(70%) 11개
① '상' 등급 1상자	350g(60%) 2개 + [ ]
② '상' 등급(1상자)에 해당하는 '낱개의 고르기' 비율	( )%

정답) ① 350g(60%) 2개 + 300g(50%) 15개 + 300g(40%) 7개 + 250g(60%) 1개
② 4%

해설 농산물 표준규격 [시행 2020. 10. 14.] [국립농산물품질관리원고시 제2020-16호, 2020. 10. 14., 일부개정]

농산물 표준규격
사 과

[규격번호: 1011]

I. 적용 범위
본 규격은 국내에서 생산되어 신선한 상태로 유통되는 사과에 적용하며, 가공용 또는 수출용에는 적용하지 않는다.

Ⅱ. 등급 규격

항목 \ 등급	특	상	보통
① 낱개의 고르기	별도로 정하는 크기 구분표 [표 1]에서 무게가 다른 것이 섞이지 않은 것	낱개의 고르기: 별도로 정하는 크기 구분표 [표 1]에서 무게가 다른 것이 5% 이하인 것. 단, 크기 구분표의 해당 무게에서 1단계를 초과 할 수 없다.	특·상에 미달하는 것
② 색택	별도로 정하는 품종별/등급별 착색비율 [표 2]에서 정하는 「특」이외의 것이 섞이지 않은 것. 단, 쓰가루(비착색계)는 적용하지 않음	별도로 정하는 품종별/등급별 착색비율 [표 2]에서 정하는 「상」에 미달하는 것이 없는 것. 단, 쓰가루(비착색계)는 적용하지 않음	별도로 정하는 품종별/등급별 착색비율 [표 2]에서 정하는 「보통」에 미달하는 것이 없는 것
③ 신선도	윤기가 나고 껍질의 수축현상이 나타나지 않은 것	껍질의 수축현상이 나타나지 않은 것	특·상에 미달하는 것
④ 중결점과	없는 것	없는 것	5% 이하인 것(부패·변질과는 포함할 수 없음)
⑤ 경결점과	없는 것	10% 이하인 것	20% 이하인 것

[표 1] 크기 구분

구분 \ 호칭	3L	2L	L	M	S	2S
g/개	375 이상	300 이상 ~ 375 미만	250 이상 ~ 300 미만	214 이상 ~ 250 미만	188 이상 ~ 214 미만	167 이상 ~ 188 미만

[표 2] 품종별/등급별 착색비율

품종 \ 등급	특	상	보통
홍옥, 홍로, 화홍, 양광 및 이와 유사한 품종	70% 이상	50% 이상	30% 이상
후지, 조나골드, 세계일, 추광, 서광, 선홍, 새나라 및 이와 유사한 품종	60% 이상	40% 이상	20% 이상
쓰가루(착색계) 및 이와 유사한 품종	20% 이상	10% 이상	–

용어의 정의

① 착색비율은 낱개별로 전체 면적에 대한 품종 고유의 색깔이 착색된 면적의 비율을 말한다.

② 중결점과는 다음의 것을 말한다.

    ㉠ 이품종과: 품종이 다른 것

    ㉡ 부패, 변질과: 과육이 부패 또는 변질된 것(과숙에 의해 육질이 변질된 것을 포함한다.)

    ㉢ 미숙과: 당도, 경도, 착색으로 보아 성숙이 현저하게 덜된 것(성숙 이전에 인공 착색한 것을 포함한다.)

    ㉣ 병충해과: 탄저병, 검은별무늬병(흑성병), 겹무늬썩음병, 복숭아심식나방 등 병해충의 피해가 과육까지 미친 것

    ㉤ 생리장해과: 고두병, 과피 반점이 과실표면에 있는 것

    ㉥ 내부갈변과: 갈변증상이 과육까지 미친 것

    ㉦ 상해과: 열상, 자상 또는 압상이 있는 것. 다만 경미한 것은 제외한다.

    ㉧ 모양: 모양이 심히 불량한 것

    ㉨ 기타: 경결점과에 속하는 사항으로 그 피해가 현저한 것

③ 경결점과는 다음의 것을 말한다.

    ㉠ 품종 고유의 모양이 아닌 것

    ㉡ 경미한 녹, 일소, 약해, 생리장해 등으로 외관이 떨어지는 것

    ㉢ 병해충의 피해가 과피에 그친 것

    ㉣ 경미한 찰상 등 중결점과에 속하지 않는 상처가 있는 것

    ㉤ 꼭지가 빠진 것

    ㉥ 기타 결점의 정도가 경미한 것

농산물품질관리사 **2차** 기출문제집

2023. 3. 22. 초 판 1쇄 인쇄
2023. 3. 29. 초 판 1쇄 발행

┌─────────┐
│ 저자와의 │
│ 협의하에 │
│ 검인생략 │
└─────────┘

지은이 │ 고송남
펴낸이 │ 이종춘
펴낸곳 │ **BM** ㈜도서출판 **성안당**

주소 │ 04032 서울시 마포구 양화로 127 첨단빌딩 3층(출판기획 R&D 센터)
     │ 10881 경기도 파주시 문발로 112 파주 출판 문화도시(제작 및 물류)
전화 │ 02) 3142-0036
     │ 031) 950-6300
팩스 │ 031) 955-0510
등록 │ 1973. 2. 1. 제406-2005-000046호
출판사 홈페이지 │ **www.cyber.co.kr**
ISBN │ 978-89-315-5978-1 (13520)
정가 │ 20,000원

이 책을 만든 사람들
책임 │ 최옥현
진행 │ 최동진
교정·교열 │ 최동진
전산편집 │ 민혜조
표지 디자인 │ 임흥순
홍보 │ 김계향, 유미나, 이준영, 정단비
국제부 │ 이선민, 조혜란
마케팅 │ 구본철, 차정욱, 오영일, 나진호, 강호묵
마케팅 지원 │ 장상범
제작 │ 김유석